微生物学教学实践研究

刘冰冰　著

电子科技大学出版社
University of Electronic Science and Technology of China Press
· 成都 ·

图书在版编目（CIP）数据

微生物学教学实践研究/刘冰冰著. --成都：电子科技大学出版社，2024.1

ISBN 978-7-5770-0831-8

Ⅰ.①微… Ⅱ.①刘… Ⅲ.①微生物学－教学研究－高等学校 Ⅳ.①Q93

中国国家版本馆 CIP 数据核字（2023）第 255531 号

微生物学教学实践研究
WEISHENGWUXUE JIAOXUE SHIJIAN YANJIU

刘冰冰　著

策划编辑　刘　凡
责任编辑　刘　凡

出版发行　电子科技大学出版社
　　　　　成都市一环路东一段 159 号电子信息产业大厦九楼　邮编 610051
主　　页　www. uestcp. com. cn
服务电话　028－83203399
邮购电话　028－83201495

印　　刷　成都市火炬印务有限公司
成品尺寸　170mm×240mm
印　　张　9.75
字　　数　129 千字
版　　次　2024 年 1 月第 1 版
印　　次　2024 年 1 月第 1 次印刷
书　　号　ISBN 978-7-5770-0831-8
定　　价　68.00 元

前　言

　　微生物学作为一门实验技术性很强的学科，既是生命科学的重要组成部分，也是现代生物技术的基础，更是 21 世纪生命科学迅速发展的支柱之一，对社会和经济的发展起着至关重要的作用。微生物学的现实意义是非常大的，其在生命科学、医学、环保、食品加工等众多领域具有重要的影响。未来，随着技术的不断发展，微生物学的应用范围将会更加广泛，对人类社会的发展将会产生更多的贡献。

　　本书是关于微生物学教学方向的书籍，主要研究微生物学教学实践。本书从微生物学概述入手，详细探究了多维视角下的微生物学教学探究，微生物与人类关系教学，原核微生物的形态、构造和功能教学，真核微生物的形态、构造和功能教学，最后对微生物学的未来发展之路进行了展望。本书内容丰富、条理清晰、表达简明，可为综合性大学、师范院校以及理工、农林、环境、医药等相关专业人员提供借鉴，也可供从事微生物学研究以及相关管理、生产和应用领域的科技人员参考。

　　在撰写本书的过程中，作者查阅和借鉴了大量相关资料。此外，本书的撰写也得到了相关专家和同行的支持与帮助，在此一并致谢。由于作者水平有限，书中难免出现纰漏，敬请广大读者批评指正。

目 录

第一章　微生物学概述

第一节　微生物学的内涵

一、微生物学的定义解读

微生物学是生物学的一个分支，是研究微生物的进化、分类，在一定条件下的形态、结构、生命活动规律及其与人类、运动、植物、自然界相互关系等问题的科学。随着研究范围的日益扩大和深入，微生物学又逐渐形成了许多分支学科，着重研究微生物学基本问题的有普通微生物学、微生物分类学、微生物生理学、微生物生态学、微生物遗传学、分子微生物学等；按研究对象可分为细菌学、真菌学、病毒学等；按研究和应用领域可分为农业微生物学、工业微生物学、医学微生物学、兽医微生物学、食品微生物学、海洋微生物学、土壤微生物学等。

二、微生物学的具体内容

（一）微生物的分类

微生物按其形态结构与生育方式可以分为细菌、真菌、病毒、支原体、立克次体等五大类，其中细菌和真菌是最为常见的两种微生物。细菌是一种原核生物，其细胞内不含真核膜分离的细胞器，具有单一的环形 DNA，且常伴有多种嵌套的质粒。细菌的生长繁殖速度非常快，一个细菌培养物可以在一夜之间繁殖成 10 亿个细胞。真菌一般为多细胞真核生物，其体积巨大，组成复杂。真菌包括单细胞真菌和多细胞真菌，单细胞真菌通常为酵母，多细胞真菌包括菌丝菌和子囊菌，菌丝菌是由菌丝构成的生物，子囊菌可以形成硬壳保护自身。

（二）微生物的结构和功能

微生物体很小，无法用肉眼直接观察，因此需要借助显微镜等工具进行观察。细菌通常为单细胞结构，其细胞壁可以根据不同的结构和化学组成进行分类。病毒是非细胞生物，只能在寄主细胞内进行繁殖。真菌可以是单细胞或多细胞结构，常见的有酵母菌和霉菌。原生动植物包括原生动物和原生植物，其细胞结构类似于高等生物的细胞。

不同微生物在生态系统中发挥着重要的功能。细菌参与了生物地球化学循环，例如氮循环和硫循环；病毒调控了生物的数量和种群结构；真菌分解有机物并参与土壤形成；原生动植物是水生和土壤生态系统的重要组成部分。微生物的功能还包括产生酶、发酵、生物修复等，对于工业生产、环境保护和农业生产等领域具有重要意义。

（三）微生物的生态和环境适应性

微生物在自然界中广泛存在，包括土壤、水体、空气和人体等各种环境中。它们能够适应不同的环境条件，如酸碱度、温度和盐度等。微生物在生态系统中扮演着重要角色，包括分解有机物、循环元素和维持生态平衡等。

（四）微生物的遗传和进化

微生物具有较高的遗传变异率和繁殖速度，使得它们能够迅速适应环境变化。微生物的遗传变异主要通过突变和基因重组等方式产生，微生物的进化过程也受到自然选择和遗传漂变等因素的影响，使得微生物的种类和功能不断演化。

（五）微生物的生物化学特性

微生物具有多样的代谢途径和生化反应，能够合成各种生物活性物质。细菌和真菌可以产生抗生素、酶和有机酸等物质，具有重要的应用价值。病毒可以感染宿主细胞并复制自身，引起多种疾病。微生物的生物化学特性对人类健康和产业发展有着重要影响。

（六）微生物的生态学和进化

微生物在生态系统中扮演着重要的角色，参与了能量流动和物质循环等过程。微生物之间通过竞争、合作和共生等关系相互作用，影响着生态系统的稳定性和功能。微生物的进化研究揭示了它们的起源和多样性，通过比较微生物的基因组和遗传信息，可以了解微生物的进化机制和遗传多样性等问题。

三、微生物学的应用

微生物在农业、医疗、环保、食品等领域有广泛的应用和前景。大肠杆菌是一种可以作为指示器的微生物，其数量多寡可以评估水质，黑曲霉可以分解化肥和农药等有毒分子，可以作为生态环保的参考物种。在医疗领域，微生物学在诊断和治疗感染性疾病方面有着广泛的应用，例如，通过病原菌分离的方法，可以快速明确感染的病原体类型，采用抗生素治疗病人。微生物在食品领域也有着广泛的应用，如乳酸菌可以发酵乳制品，使之口感醇香，并能提高补骨力。微生物还可以利用其新颖的代谢途径生物合成对人类有用的物质，例如，部分细菌可在醋酸溶液中发酵产生醋酸菌素，从而作为抗菌剂和泌尿系统疾病治疗药物。此外利用硫杆菌生产硫黄，或利用微生物发酵生产麻黄素、小麦胚芽醇等化合物，也是微生物学在绿色化工领域的应用之一。

四、微生物学与人类健康

微生物与人类的关系密切，既有益又有害。有益的微生物参与了许多重要的生理功能，例如，帮助消化食物、合成维生素和保护肠道免受感染。然而，一些微生物也可以引起疾病，如细菌感染、病毒感染和真菌感染等，基于此，微生物学的研究提供了检测、预防和治疗微生物相关疾病的方法和策略。

五、微生物学在环境保护和生物工程中的应用

微生物学的研究在环境保护和生物工程领域有着广泛的应用。微生物既可用于处理废水和废气，通过降解有机物来净化环境。又可用于生物肥料的生产，改善土壤质量。此外，微生物还可以产生重要的生物药物和工业化学品，如抗生素、酶和生物塑料等。

微生物学研究了微小生物体的结构、功能、生态学和进化等方面。微生物对人类健康、环境保护和生物工程等有着重要影响。通过研究微生物的分类、结构和功能，可以更好地了解微生物的多样性和生态学特征。微生物学在人类健康、环境保护和生物工程等领域的应用前景广阔，为人们解决现实问题提供了重要的科学依据。

六、微生物学的研究方法

微生物学研究方法主要有分离、纯化、鉴定和培养四个步骤。分离是指将含有微生物的样品分成单一单元，以便在后续研究中对单一微生物进行鉴定和培养。纯化是在分离出的微生物进行单纯化处理，以剔除杂质，得到单一的微生物种类，以此保证实验结果的准确性。鉴定是确定微生物种类的重要过程，主要通过检测微生物的形态、生长条件、生理特性、生物产物等特征来进行。培养是指将纯化的微生物进行生长和繁殖，并研究不同环境条件对微生物的影响，从而揭示微生物的生理和代谢过程及生态适应性。

七、如何利用微生物学研究领域的前沿和趋势

随着科学技术的不断改进和微生物学逐渐成熟，微生物学的研究内容和领域也日益拓宽。研究人员可以通过构建代谢通路、鉴定新的菌种、研究微生物对生态环境的适应性等，开展前沿的研究，探索微生物学在环保、医疗、生产等领域的应用，实现人类社会的高质量可持续发展。总之，微生物学是一门研究微小生物的学问，其应用广泛，且不断

探索其在更多领域的应用。当下，微生物学的前沿研究热点主要涉及微生物的分子机制、群体行为和共生关系的研究，这将为微生物学在未来的发展提供巨大而优秀的坚实基础。

第二节　微生物学的主要研究技术

一、微生物学技术的研究类型

微生物学技术是指对微生物进行研究，发展和应用的一门技术它是生命科学中一项非常重要的研究领域，可以帮助人们了解微生物的生物学特性，发现并研制出一系列有效的微生物技术。

（一）微生物工程技术

微生物工程技术是一种利用生物技术改造微生物以生产特定物质的技术，它具有很广泛的应用和发展前景。微生物工程在生物制药、生物燃料生产、环境保护等方面都有很大的应用。目前，利用微生物工程生产的物质已经越来越广泛，比如维生素、氨基酸、生物酶、抗生素等。微生物工程的核心是合成基因组。通过分离基因组，并将其放入合成基因中，就可以使产物质的效率得到提高。还可以通过上下调节微生物体内基因的表达，将其产生的代谢产物施加压力，以促进生产活性物质的产生。另外，如果使用CRISPR/Cas9蛋白质修饰基因组，则可以产生新的微生物品种。

（二）高通量测序技术

高通量测序技术又称为第二代测序技术，主要是指通过大规模并行的方式，将DNA或RNA序列快速、全面地测定出来。相较于第一代测序技术，高通量测序技术的速度更快、效率更高、数据量更大。可以更加准确地鉴定微生物群落中的微生物种类和数量，实现对微生物群落结构的分析和比较。高通量测序技术已经广泛应用于微生物学研究中，对微生物群落生态学、系统学、进化等方面的研究具有重要意义。

（三）微生物遗传技术

微生物遗传技术是指对微生物进行遗传学研究并利用其遗传特性进行生产，这种技术已经广泛应用于微生物治疗、抗生素制造、农业化学品等领域。借助微生物遗传技术方法，可以提高微生物对环境压力的耐受性、抗生素产生能力等。另外，微生物遗传技术也可以用于微生物群落种类研究，可通过分离微生物的 DNA 并通过测序分析样本中的群落丰度和群落结构，从而探寻该珊瑚样品的微生物组成和立体结构。

（四）微生物体系工程技术

微生物体系工程技术利用微生物的代谢机制，研究其生长规律和代谢产物的产生过程。其中包括微生物生长环境的调节、生物反应器的研究以及过程控制等。目前，微生物体系工程技术已被成功应用于生产多种产品，如生物农药、酶制剂、微生物肥料等。其中，微生物肥料可使植物体内的营养吸收能力得到提升，从而能够提高植物产量，还可以改善泥土质量，保持土壤生态平衡，提高农业生产效益。

（五）微生物组学技术

微生物组学技术是一种研究微生物与生物系统相互作用的多学科领域。其核心是进行微生物群落的 DNA 序列检测和分析，以探究微生物在生态系统中的角色和函数。微生物组学原本是用于对细菌的大规模基因组测序，分析比较，但现在已经扩展到 RNA 序列分析、单细胞测序、元基因组学等研究较新领域。微生物组学研究能够提高人们对微生物的理解，为诊断疾病、治疗疾病提供科学依据，同时还可以推动微生物生态学、微生物进化和宏基因组学等领域的发展。

（六）单细胞测序技术

单细胞测序技术是指将单个细胞的基因组或转录组进行测序。这种技术可以突破传统微生物学研究中对细菌均质群体的限制，直接对单个细胞进行分析，可以有效地解决微生物种类单一或难以培养的难题，也能够对微生物的生物学特性进行深入研究。目前，单细胞测序技术已经应用于多种微生物学研究，包括单细胞基因组学、单细胞蛋白质组学、单细胞代谢组学等。

总之，微生物学技术是一门实用性极强的学科，其应用范围很广，且发展前景非常可观。伴随着生命科学领域的不断繁荣，微生物学技术未来肯定有着更广阔的发展领域和更重要的作用。同时，微生物学技术研究也需要加强对环境和人类健康的保护，因此，必须在研究过程中以人类和环境的健康安全为接入点，加强监管与管理。

二、现代微生物学实验技术探究分析

微生物学是一个涉及微观生命领域的学科，对人类和自然界的生态环境有着重要的意义。微生物中的单细胞或单核细胞生物，其中很多都是人类健康和生产活动的重要影响因素。微生物学的实验技术和研究方法不仅能够探索微生物在生态环境中的行为，还可以深入研究微生物与我们生活息息相关的各种人类疾病的原因和治疗方法。

（一）培养技术

细菌和真菌需要特定的培养基，在特定的物理、化学条件下生长。例如，一般的培养基是 TSB（液体），TSA（固体），这些培养基有不同功效，包括适合以某种特定生长方式的菌种和提供菌体所需的某些蛋白质和营养物质等。在实验室中，通常使用灭菌技术来保持培养基的无菌，例如高压灭菌器和自动化微生物分类器等，可以使得微生物得到安全且正确地运作和增殖。

（二）生物分子技术

生物分子技术是微生物学实验中常用的手段，它包括 PCR 技术、DNA 测序、RNA 干扰等多种方法。PCR 技术可以制造大量重复的 DNA 序列，使得细胞的 DNA 更容易提取和研究；同时，PCR 技术还可以检测病原菌的存在和确定病原菌的 DNA 序列。DNA 测序技术还可以揭示菌群之间的变化和在不同环境中的分布情况，这对理解微生物生态学是非常必要的。

（三）生物信息学技术

生物信息学技术是指利用计算机和信息技术对生物学数据进行处理和分析的技术。生物信息学技术可以用于微生物基因组学、转录组学、蛋白质组学等方面的研究。例如，利用生物信息学技术可以对微生物基因组进行注释和分析，预测微生物基因的功能和调控机制，同时还可以进行微生物基因网络分析和代谢通路分析等。

（四）细胞生物学技术

细胞生物学技术可以揭示微生物与宿主的互动方式。例如，一个流行病学家可以标记病毒，并研究它在宿主体内的移动行为。细胞生物学技术中，光镜、电镜等显微镜技术成为不可或缺的工具之一，可以让研究者们研究细菌或病毒在单一细胞和群体层面的行为和互动效应。在使用显微镜的过程中，需要控制自由游动的细胞，并使其可以在碳涂片上留下显著的痕迹，从而定量研究其行为。

（五）免疫学技术

免疫学技术可以用于鉴别和检测微生物细胞和分子，诊断和预防疾病，以及进行微生物感染的免疫治疗。包括单克隆抗体技术、ELISA技术、流式细胞术技术、免疫组化技术等。这些技术可以用于微生物特异性检测和分离，以及对微生物的免疫学反应进行研究，有利于深入了解微生物与宿主免疫系统的相互作用机制。

（六）代谢组学技术

代谢组学技术是指对微生物代谢产物进行分析和研究的技术。代谢组学技术可以用于微生物的代谢通路分析、代谢产物定量分析、代谢产物结构鉴定等方面的研究。例如，利用代谢组学技术可以对微生物的代谢途径进行研究，揭示微生物的代谢特征和代谢调控机制。现代微生物学实验技术的不断更新和完善，为微生物学的研究提供了更加精确、高效的手段。这些技术的应用不仅可以深入了解微生物的结构和功能，还可以为微生物的应用和开发提供更加可靠的基础。

（七）流式细胞分析技术

流式细胞分析也是微生物学中常用的实验技术之一。通过该技术，可以将微生物群体的重要特征分类、定量和解析，例如，大小、形状、表面性质和成分等。利用流式细胞分析技术，可以研究微生物在不同纬度和维度上的组成和动态变化，还可以对微生物的反应速度和耐受力进行研究，为改善和预防疾病提供支持。

（八）基因编辑技术

基因编辑技术是一种用于改变生物体基因的技术。在微生物学中，基因编辑技术被广泛应用于对微生物的基因组进行修改。例如，可以利用基因编辑技术生产可生物降解塑料的微生物，有效地解决了塑料废弃物带来的环境问题。

总之，微生物学的实验技术和研究方法可以帮助研究人员充分了解微生物的结构、行为和作用，为保持生态平衡、保护人类健康和改善人们的生产活动提供了大量的现实帮助。在今后的实验研究过程中，研究人员需要进行深入的研究，针对不同的微生物群体的不同特征，发展出更加先进和适合的实验技术，为微生物学领域的不断深入研究提供支撑。

第三节　现代微生物学的特点及其发展趋势

一、现代微生物学的特点

现代微生物学有以下几个特点：

第一，体积小、比表面积大：微生物的大小以 um 计，但比表面积（表面积/体积）大，必然有一个巨大的营养吸收，代谢废物排泄和环境信息接受面，这一特点也是微生物与一切大型生物相区别的关键所在。

第二，吸收多、转化快：这一特性为高速生长繁殖和产生大量代谢物提供了充分的物质基础。

第三，生长旺、繁殖快：生长繁殖率极高。这种特性可以在短时间内将大量的基板转化为有用的产品，缩短研究周期。还有一些缺点，如疾病、粮食霉变。

第四，适应强、易变异：适应性极其灵活，对极端环境具有惊人的适应力，遗传物质易变异，更重要的是在于微生物的生理代谢类型多、代谢产物种类多。

第五，分布广、种类多：分布区域广，分布环境广。生理代谢种类繁多，代谢产物种类繁多。微生物可以在其他有机体生存的任何环境中发现，而微生物也可以存在于其他有机体无法生存的极端环境中。

第六，易于变异，产生突变：微生物易受环境条件的影响。在紫外线辐射、生物诱变剂和环境中的一些营养因子的变化中，微生物自觉地、强制性地改变其遗传结构，导致变异。据统计，在自然条件下，微生物个体变异的概率是百万分之一。

二、现代微生物学的发展趋势

当前，由于分子生物学研究的逐步深入，各种新方法、新技术在微生物学研究中的广泛应用，各学科间的积极渗透和交叉，以及生产实践中大量有关问题的提出，为微生物学的发展提供了巨大的推动力。总体看来，现代微生物学的特点和发展趋势有以下六个方面。

（一）研究工作向着纵深方向和分子水平发展

由于分子生物学的飞速发展，使整个生命科学都推进到分子水平上来了。微生物学也不例外。当前，在微生物领域中的几乎所有问题都深入到分子水平上进行了深入的研究，诸如细胞构造和功能，微生物对营养物质的吸收机制，生长、繁殖和分化，代谢类型、途径和调控，遗传、变异和进化，传染和免疫以及分类和鉴定，等等。

（二）在基础理论深入研究的基础上，一批新的学科正在形成

例如，真菌毒素（学）、细菌质粒（学）、微生物分子育种（学）、重组微生物生理学、原生质体融合遗传学、极端环境微生物学、菌种保藏（学）、混菌发酵生理学、甲烷菌生物学、厌氧菌生物学、古细菌（学）、亚病毒（学）、微生物酶学、固氮生物化学、固氮遗传学、微生物分子遗传学、微生物生态遗传学、微生物生物转化（学）；等等。

（三）微生物学与其他学科的渗透、交叉与融合形成了新的边缘学科

在学科的发展中，各学科间的相互渗透、交叉和融合，往往起着生长点和带头的作用，其结果不仅产生了一系列新概念、新理论和新技术，而且会形成一系列具有旺盛生命力的新的边缘学科。这或许就是学科间的"互补""共生"或"杂种优势"效应的一种体现。这类例子很多，例如，分析微生物学、化学分类学、微生物数值分类学和微生物地球化学；等等。

（四）新技术、新方法在微生物学中的广泛应用

在现代的数、理、化和多门工程技术学科的推动下，为微生物学的发展创造了空前的有利条件，它主要体现在新方法、新技术、新仪器、新装备和新试剂的提供上。例如，同位素标记技术、电子显微镜技术、X射线衍射技术、电子计算机技术、超离心技术、电泳技术、层析技术、离子交换技术、质谱技术、分光光度计技术、细胞破碎技术、免疫学技术、氨基酸培养技术、微生物计数技术、微生物快速鉴定技术、固定化生物催化剂技术、微量物质的分离、纯化和测定技术；等等。这些技术的广泛应用大大促进了对微生物细胞的结构与功能的研究，把原来以静态、描述、定性为主的研究逐步提高到以动态、定量、定序和定位的新的研究水平上。

（五）向着复合生态系统和宏观范围拓宽

在生物圈中，微生物的生存范围是最广、最立体化的。当人们对身边的常见微生物作了一定的研究后，其兴趣便逐步转向更广、更不易触及的空间和各种复合生态系统，接踵而来的就是又一批新学科的诞生和发展。例如，极端环境微生物学、资源微生物学、热带真菌学、地下生态学、土壤微生物生态学、陆地微生物生态学、海洋微生物生态学、大气微生物生态学以及宇航微生物生态学；等等。

（六）一大批应用性高技术微生物学分科正在孕育和形成

微生物学是一门高度扎根于生产实践的学科。当代应用微生物学所包括的分支学科越来越多，它们具有交叉性强、自觉度高和覆盖面广等特点：

①交叉性强。例如，发酵工程学、细菌冶金（学）、水处理微生物学、真菌遗传工程学、微生物生态工程学、农业微生物学以及生物工业等。

②自觉度高。当前，在分子生物学理论和实践的带动下，很多应用性的生物学科都在朝着目的性强、自觉度高、可控性强和工效高的方向发展。一批标以"工程"名称的学科就是其中的代表，例如，基因工程、细胞工程、生化工程、酶工程、蛋白质工程和最新的代谢途径工程等。

③覆盖面广。从大的方面来看，微生物的应用范围主要联系着工业、农业、医药、环保和国防等领域；从细的方面来看，每个大领域又可分出若干个分支领域，例如，细菌冶金（学）、污水处理微生物学、沼气发酵微生物学、应用土壤微生物学、微生物生物防治（学）、农用抗生素学、食用蕈菌学、药用真菌学、药用微生物学、以及人畜共患微生物学；等等。

第四节　微生物学研究和应用的新进展

一、微生物学的新研究及应用领域

微生物学是一门对微小生物进行研究的学科。微生物既可以是有益的，也可以是危害的。微生物对于自然界的生态系统和人群健康的影响是非常重要的。在过去的几十年里，微生物学一直在不断发展和变化。随着科学技术的进步，微生物学越来越受到重视，并得到越来越广泛的应用。

（一）生物工艺学

微生物是自然界中最重要的一部分。在微生物学领域，尤其是微生物是自然界中最重要的一部分。在微生物学领域，尤其是在生物工艺学领域中，微生物被用作工业生产的重要工具。微生物的应用范围包括以下几个方面。

1. 食品工业

食品工业是微生物学最早也是最广泛的应用领域。微生物在食品工业中的应用包括食品酸奶、面包、酒、酱油等，它们都是由微生物发酵而制成的。近年来，更加高级、具有更多营养的功能性食品与日俱增。

2. 纺织工业

微生物在纺织工业中也有着重要的应用。染色工序和漂白工序都离不开微生物。目前的生产中，人工染色剂不仅对人体健康产生负面影响，而且对环境造成的污染也非常严重。因此，生产商们逐渐转向使用生物染料。

3. 医药工业

在医药工业中，微生物主要用于抗生素、激素及疫苗的制造。大部分抗生素和其他化合物都来自被称为"微生物药房"的微生物群落。抗生素的发现是由亚历山大·弗莫林发现的，他研究了柳树上的一种真菌并发现了青霉素。

4. 造纸工业

微生物在造纸工业中有着不可替代的角色。微生物主要用于水渣纸的生产，这种纸的质量比较好，因此使用比较广泛。此外，微生物还可以用来帮助提取纸浆中的木质素。

（二）生物医学

生物医学是一个与人类健康密切相关的领域，微生物在这个领域中起着至关重要的作用，以下是微生物在生物医学领域中的应用。

1. 健康保健

微生物对人类健康有着重要的影响。人们现在越来越注意通过饮食或其他方法来保护自己的健康，因此在保健品和营养品等领域，微生物也得到了广泛的应用，人们也开始了解到，肠道内的微生物菌群是影响人体健康的关键因素。

2. 疾病治疗

一些疾病可以通过使用微生物的一些高级技术来治疗，微生物许多性质可以用来预防和治疗一些疾病。例如，膳食中的益生菌可以帮助改善肠道中的菌群平衡，从而预防肠道炎症或腹泻等问题。在抗癌治疗中，微生物的应用也越来越广泛。

3. 病毒监测和预防控制

传染病是人类健康的一个大问题，针对传染病的病毒监测和预防控制工作非常重要。微生物学的发展促进了相关监测技术和疫苗的研发。例如，临床医生使用聚合酶链式反应（PCR）技术来检测病毒和细菌，并开发了许多高效的疫苗，以帮助人们预防传染病。

二、微生物学的领域融合发展

（一）微生物学与生物燃料

随着可再生能源的重要性日益凸显，生物燃料作为一种绿色能源获得了越来越多的关注。微生物的代谢活动可以被利用来生产生物燃料。例如，微生物可以将生物基底转化成乙醇、丁醇和甲烷等生物燃料。此外，微生物可以将糖转化为脂肪酸，进而生产生物柴油。因此，微生物在生物燃料生产中具有非常广泛的应用前景。

（二）微生物学与医学

微生物是引起人类疾病和疫病的主要原因之一。随着微生物抗药性的增加，微生物学在医学上的应用越来越重要。新的诊断和治疗方法正在快速发展，为全球卫生问题提供了新的解决方案。例如，通过微生物群落时序分析可以诊断出人体中微生物的种类和数量，从而为疾病的治疗提供准确的依据。此外，基于微生物学的治疗，例如，用肠道微生物移植来治疗严重的肠道感染，也成为新的治疗方案。

（三）微生物学与食品工业

微生物在食品工业中应用非常广泛，例如，酿酒、酵母发酵、乳酸发酵等，许多高品质的食品都是由微生物工艺制成的。通过基因工程技术对微生物进行改良，可以改善微生物在食品工业中的获取效率和生产质量，减少生产成本，提高食品工业质量。

（四）微生物学与环境工程

微生物在环境工程中的作用日益受到重视。微生物在水和土壤中的分解和吸附作用可以有效清除污染物。例如，微生物可以通过将有机物质转化为无机物质来提高水质。此外，在污染物监测、处理和灾害应对等方面，微生物学也具有重要的作用。预测未来的气候变化和环境污染所造成的影响，研究和利用微生物的环境功效对全球环保问题具有重要的意义。

（五）微生物学与农业

微生物在农业生产中的应用也非常广泛。通过利用土壤中微生物的作用，可以提高农作物的生长和产量。例如，利用微生物进行土壤改良、农药代替等技术，可以提高农业生产的生态环保程度，维护农业生态系统的稳定性，但同时应该注意不要造成更大的生态环境问题。

总之，随着科学技术的不断进步和应用方向的不断拓展，微生物学在各领域中的应用将越来越广泛。因此，需要加强对微生物学研究的投入和技术创新，努力推动微生物学的发展，为人们的生产和生活提供更多的科学技术支持和帮助。

三、微生物学研究的新进展与应用前景

近年来，随着科技的飞速发展，微生物学研究也取得了新的进展和突破。微生物学是对微生物的形态、结构、生理代谢和生态环境等方面的研究，是现代生物学中不可或缺的一个分支。

（一）微生物学研究的新进展

微生物学的研究范围包括各种微生物生物群体在不同环境下的功能、生命周期、基因组、代谢途径和交互作用，以及它们与宿主生物的关系等。微生物的重要性已经被广泛认可，并且随着科学技术的快速发展，微生物学研究也日新月异。

1. 基因组学技术的发展

基因组学是研究一个生物所有基因的组成和功能的学科，是现代微生物学研究的重要分支。随着高通量测序技术的不断发展，基因组学技术得到了飞速发展。目前，微生物学界已经测序了数千种微生物的基因组，涵盖了微生物界中的大部分物种。

这些基因组的解析不仅有助于我们深入研究微生物的遗传信息、代谢途径、生态系统等方面的基本知识，而且对于新药、新农药和新生物农业等领域的开发具有重要意义。

2. 结构生物学技术的突破

结构生物学是研究生物大分子的空间结构、功能和相互作用关系的学科，是微生物学中的重要研究方向。目前，在基因组学技术的基础上，结构生物学技术也得到了革命性的突破。通过 X 射线晶体衍射、核磁共振等多种手段，已经确定了大量微生物分子的三维结构和功能，

揭示了微生物分子生化过程和代谢途径的重要信息，为药物研发提供了新的机会。

3．宏基因组学的应用

宏基因组学是指对整个生态系统中微生物的基因组进行研究。它可以除选出特定的微生物外，还可以对全局进行研究，了解微生物之间的互相影响和与宿主的相互作用。这种研究可以适用于不同的领域，如环境科学、生物科技等。它通过高通量测序技术进行，可以大规模地测定基因组信息，获得大量的生物信息学数据，为人们深入了解宏观生态系统提供了宝贵的资料。

4．三域分类被推翻

在传统的微生物学中，基于细胞结构和生理学功能，细菌、真菌和原生生物被分成三个大类。然而，这个分类系统在分子生物学的研究中已经被证明是不完整和不准确的。通过研究微生物宏基因组数据，科学家逐渐意识到，比如原生生物和细菌之间的界限已经非常模糊。针对这个情况，科学家们提出了一个新的分类体系，称为环形菌门，该体系包含了三个旧分类体系中的多个物种。该分类系统的优点在于，它将生物的关系更加合理地反映了出来，并有助于研究者深入研究生物之间的交互作用。

5．转录组学的兴起

随着测序技术的迅猛发展，转录组学成为微生物研究人员的热点。转录组是指一个细胞中的全部 RNA 分子的总和，包括 mRNA、tRNA 和 rRNA 等。利用转录组数据可以更全面地了解细菌的基因表达模式、代谢途径等方面的信息。此外，结合比较转录组学的方法，还可以寻找微生物在不同生长环境中的适应性差异，进而预测微生物可能存在的功能。

6．蛋白质组学在微生物世界中的作用

蛋白质组学是指总体上研究检测、鉴定和定量蛋白质的方法集合。在微生物学中，蛋白质组学已经成为一种有效的方法来揭示细菌的代谢

途径、信号转导和蛋白质相互作用等。而且，蛋白质质量分析已经成为微生物学领域内常用的定量方法之一。在细菌菌株和环境样品中检测到的更多蛋白质信息，能够促进对致病菌和益生菌的最新研究。

7. 进一步了解微生物群落

随着单细胞基因组学的崛起，现在人们不仅能够对一个完整的种群进行研究，还能够对单个微生物进行分析。这为物种的识别和微生物群落的 DNA 分支扩增进行金标准证实带来了依据。人们能够利用这些技术从环境样品、肠道微生物群和土壤中检测到的微生物中，精确定位单个物种或群落。

8. 特别的毒性和代谢物

现在，针对影响人体的病原体已经实现了小而全的发展。与此同时，在微生物合成方面也有更多的进展。作为酵母菌和细菌的一部分，微生物可以生产各种有用的代谢物。例如，许多微生物都可以生产大量抗生素，这些抗生素能够用来抵抗致病菌。而且，许多环节菌和铜绿假单胞菌属可以生产生物塑料，这些塑料可以作为替代性材料来替换传统塑料。此外，生物制药领域有越来越多地研究表明，许多微生物代谢产物都可以被转化成药物，包括许多现在常见的药品，如维生素、氨糖和肝素等。

(二) 微生物学研究的应用前景

1. 发展新药和新农药

微生物是一种重要的医学和农业资源，许多药物和农药都是来源于微生物。随着微生物基因组与结构分析的深入，人们发现有许多微生物具有抗菌、抗病毒、抗肿瘤等多种抗性。对于药物研发，基于微生物基因组学信息、结构亚组学技术、代谢组学技术以及宏基因组学技术的新药筛选将大大加快新药的研发速度。

2. 处理环境问题

微生物是地球上最古老的生物，也是生态系统中非常重要的基础环节，它们在土壤、水、空气等环境中都会发挥作用。微生物可以参与有机物转化、生态和环境保护等过程，在环保方面有很多应用前景。例如，微生物可以用于处理工业废水、有机污染等环境问题；另外，微生物的酶也有可能应用于生物技术生产，对环境的清洁和资源的充分利用有着重大的意义。

3. 增强农业可持续发展

微生物也被广泛应用于农业领域。微生物肥料、生物农药、微生物营养素等产品可以使作物增加抗性、提高产量等。同时，微生物还能吸收土壤中的养分，保证土壤的肥力。随着生物科技的发展，微生物的应用前景会更加广阔，可以帮助农业实现可持续发展。

总之，随着微生物学的不断发展和研究，微生物学在药物研发、环境治理、农业可持续发展等方面都具有重要的应用前景。微生物研究取得的新进展为不同领域的微生物应用开辟了新的思路，期待未来更多的科研成果可以转化为现实应用，为人们的生活和环境作出更大的贡献。微生物学已经成为生态学、人类医学和工业应用等多个领域中最热门的话题之一。通过了解微生物的特点和开展相关的基础和应用研究，将有助于人们更好地认识微生物的作用及其相互作用关系以及在多种场合中的应用。

第二章　多维视角下的 微生物学教学探究

第一节　微生物课程教学改革的必要性

一、创新能力培养背景下微生物学课程的实践教学改革探索

微生物学是高等院校生物类专业开设的一门重要的基础课或专业基础课程，也是现代高新生物技术发展的理论、技术基础。创新微生物学教学方式是提高生物类专业学生实践能力、培养学生创新意识的重要举措。

（一）微生物学课程教学的实践背景

1. 微生物学课程的特点

微生物学实践性较强，但在实际教学过程中存在知识点多且分散、内容覆盖面广、知识点易混淆的问题。加之微生物不可见的特点，在实际教学中，抽象概念及描述较多，学生难以形成完整的知识结构，学习兴趣不高。

2. 微生物学教学现状

微生物学主要内容为微生物相关理论知识及微生物实验操作，课程内容贴近人们的生活，应用范围十分广泛，同时蕴含丰富的思政元素。

3. 微生物学教学过程中存在的问题

在微生物理论教学中，学生难以形成直观的印象，只能以记忆的方式学习基本理论；同时，由于课时比较紧张，加之内容繁多，学生难以

对该门课程知识深刻理解和掌握；在学习过程中，由于教学课时、教学条件有限，传统课堂仍以教师讲授为主，学生自主学习的时间有限，自主学习的积极性未有效发挥，主体地位未体现。

微生物学实验教学开展仍然以传统的示范教学为主，即示范、按操作过程完成；在实验项目安排上，主要以简单验证性实验为主，实验项目之间相对独立，缺乏联系；在实际操作过程中，学生被动参与，独立完成实验的机会较少；而在实验设计中，缺乏让学生自己设计、实操的实验，且实验缺乏创新性。

在微生物学考核方式上，传统的考核方式不能很好地衡量学生的实验操作技能，考核方式比较单一，偏重于实验报告的撰写，而实验报告未体现学生实际实验操作技能和对实验理论知识的掌握程度；学生在完成实验过程中缺乏积极性，目的不明确。

（二）创新能力培养背景下微生物学课程理论教学与实验教学改革

1. 微生物学课程理论教学改革

（1）教学方式多样化

教师引导学生进行知识点的归纳总结，形成一个有机、完整的知识网络结构，形成大局观，帮助学生对知识点理解、记忆；除常规教学中的引导式方法，可以加入以学生为主体的启发式教学，更适合创新能力培养背景下微生物学理论教学，有利于学生创新能力的培养，可以引导学生积极参与课堂活动，并启发学生大胆探索；加入多媒体教学，增强教学效果，对于看不清摸不着的微生物，可以通过多媒体进行相对直观的教学，将抽象的微生物相关知识，通过生动的图片和动画来展示，帮助学生理解和记忆。

（2）激发学生学习兴趣

案例式教学在医学领域较常见，在该教学模式下，教师根据课程目的和要求，组织学生分析、研究典型案例，通过讨论与交流，掌握相关重要知识点和原理，做到知识融会贯通；采用翻转课堂教学模式，重新定义了教与学的角色，突出了学生的主体地位，通过线上翻转课堂，丰富了线上和线下教学模式，在有限、宝贵的课堂时间内，学生可以专注于教学内容，研究并解决问题，通过师生充分交流，培养学生独立思考的能力，做到教学相长；授课过程中可以使用慕课、雨课堂等新时代网络智慧教学平台，提高学生学习的兴趣、热情及学习效果。

（3）培养责任感

教师在教学过程中组建"科研团队"，鼓励学生为达成"共同目标"而努力，树立科研互助意识，增强责任意识；增设微生物学实践活动，带领学生结合生产实践，对科研生产过程中微生物资源的现状及多样性进行调查，培养学生的科研精神。

2．微生物学实验教学改革

（1）实验内容整合优化

教师让学生参与整个实验流程，避免由于课时问题进行实验分割操作，将相关实验安排在一起，形成一个完整的实验。如实验准备—培养基配制—灭菌—平板制作—微生物分离、纯化可一起完成。

（2）增设综合性兼探索性实验

教师引导学生根据自己兴趣自主设计综合性实验，通过文献检索、阅读、方案设计、论证、项目实施与总结，解决和微生物有关的科学问题，培养学生创新思维和严谨的科研作风。如设置"如何分离筛选具有降解石油功能的细菌"实验课题，让学生开展探究性实验。

（3）研究性实验

教师带领学生参与自己的研究性实验，多学科交叉，拓展学生的知识面，有效利用学生课余时间，充分调动学生参与实验的积极性和主观能动性，培养学生严谨的科研精神。如调查研究有机肥发酵过程中的细菌多样性及变化规律。

3．微生物学考核评价方式改革

（1）理论考查注重学生掌握基础知识及将其用于解决实际问题的能力，减少单纯记忆知识点的客观题。

（2）调整实验成绩在总评中的比例，适当增加实验成绩占比（如由之前的30％增加到40％）；调整各项实验在实验成绩中的占比，以综合实验为主，以简单模仿操作为辅；调整实验成绩各部分内容的占比，减少实验报告成绩的占比，增加操作细节评分的占比，更客观地评价学生的实验操作技能。

（3）增加研究性实验项目的考核，考查学生进行综合设计、实验验证、项目总结的能力，开展课程、实验设计竞赛，考查学生的实验技能和科研能力，并进行展示和评分。

（三）结论与建议

在微生物学教学过程中，教师要改革微生物学课程的教学内容，将生活中微生物的相关信息融入教学内容，使课程更具实用性和生性，激发学生了解微观世界的兴趣；在知识点讲解中，教师要使用多元化的教学模式和教学方式，便于学生掌握理论知识，增强学生综合运用理论知识的能力；在实验教学中，教师要使学生加强对实验操作理论知识的理解，注重学生实践能力的培养；教师通过综合实验设计，培养学生团队意识和创新精神、严谨的科研态度。同时，教师还要培养学生树立正确的人生观、价值观，使学生全面发展。

二、以打造"金课"为目标的医学微生物学课堂教学改革

医学微生物学是医学基础课程不可或缺的课程，与临床课程密不可分，临床课程中的外科学、传染病学等不少疾病都和微生物感染有一定关系。传统的教学模式下，学生对医学微生物学的学习积极性不高，处于被动学习状态。为提升医学微生物学课堂教学质量，可对其教学模式、方法与手段进行改革，以打造"金课"。

（一）金课的概念与价值

1．金课概念

金课又称一流课程，主要是指金课建设计划的国家级一流课程与省

级一流课程，是指按照新时代的课程理念以及人才发展规律，并以智慧课堂和技术为依据，来塑造极具中国特色的课程体系。高阶性、创新性、挑战度的"两性一度"是金课的标准。"高阶性"是指知识能力素质有机融合，能够培养学生解决复杂问题的综合能力与高级思维；"创新性"主要包括课程内容、教学形式与学习结果的创新，课程内容反映时代性、教学形式体现先进性、学习结果具有探究性；"挑战度"是指课程具有一定的挑战难度，对教师与学生都提出较高的要求。

2. 金课价值

金课具有重要的现实价值。从广义上讲，我国进入新时代，从"教育大国"转变为"教育强国"。而金课作为我国原创课程形态，极具中国特色，受到国际上不少国家的关注，以望借鉴中国经验与案例。由此可知，金课承担着培养卓越拔尖人才以及促进国际教育发展的重任。传统医学教育的目标主要以治疗为主，而金课新理念丰富了教育目标及内容，从治疗为主扩展到生命健康全周期，即预防、治疗与康养，推进医学教育改革，提升教学质量，以培养极具影响力的人才。

(二) 医学微生物学课堂教学改革策略

1. 整合教学内容

以打造"金课"为目标，推进医学微生物学课堂教学改革，可通过整合教学内容，体现课程的"高阶性"。医学微生物学授课内容与免疫学联系紧密。例如，讲到结核分枝杆菌、链球菌时涉及免疫学的抗原、超敏反应等概念，授课教师就要能熟练讲解其相关知识点。除了免疫学，医学微生物学与生理、病理、药理等其他课程也都联系紧密，这就对教师的知识储备提出高要求，能够跨学科讲解。

2. 丰富教学方法

以打造"金课"为目标，推进医学微生物学课堂教学改革，可丰富教学方法，体现课程的"创新性"。在教学中综合应用多种能够激发学生学习兴趣且适应学生学习需求的教学方法。比如，医学微生物学与社会生活具有紧密联系，如传染病疫情等，教师可应用调查体验教学法，发给学生一份与医学微生物相关的调查问卷，组织学生通过调查来发现医学微生物与社会生活的联系性，从而激发学生的学习兴趣。又比如，医学微生物学课堂教学中，教师可采用问题教学法，在课前准备工作时贴合教学内容与教学目标来设计相关问题，在教学中组织学生分小组就相关问题查阅资料、讨论与交流，教师适当进行引导，并在最后点评。问题教学法能够突出课堂的重难点，促进学生积极主动地思考、分析与解决问题，突出学生的主体地位，从而培养学生的观察能力、独立思考能力、自主学习能力以及合作探究能力等。此外，还有归纳比较式教学法、知识讲座教学法等，合理的教学方法能够提升学习效率，同时也能提升课堂教学效率与质量，从而实现"金课"目标。

3. 运用翻转课堂

以打造"金课"为目标，推进医学微生物学课堂教学改革，可通过线上教学与线下教学有机结合，运用翻转课堂教学模式。翻转课堂将知识传授与内化过程翻转过来，充分突出学生的主体地位，培养学生自主学习能力、独立思考能力与合作探究能力等。翻转课堂体现了金课的"两性一度"标准，应用翻转课堂具有一定的"挑战度"，教学中突出互动，引导学生进行个性化学习，能够有效培养解决问题的能力。在课前，教师应精心备课，根据教材内容与教学目标来录制教学视频及设计好相关问题，发布到线上学习平台，学生观看视频进行自主预习并解答问题，以培养学生解决问题的综合能力。在课堂上，教师与学生围绕问题与任务进行互动交流，教学形式呈现先进性与互动性，促进学生在互动的过程中进行个性化学习与探究，并完成相关作业与操作。翻转课堂是一种新型的教学模式，以信息技术为支撑，课堂教学多合作互动，教师充分发挥引导与组织的作用，对教学实践进行分配，促进学生提升学习效率，从而提升教学效率与效果。

4. 融入"课程思政"教育理念

目前许多高校开展课程中融入"课程思政"教育理念，通过举办课程教学比赛、注重传统文化传承等方法，开展了"课程思政"的探索和实践。通过许多生动的案例，介绍如何在"微生物学"课堂教学过程中立德树人。在医学微生物学课堂中融入"课程思政"教育理念的途径很多，如对经典文学作品中涉及医学微生物学的相关论点加以引用，提升学生的学习兴趣。在医学课程的讲授中，结合传统文化，对提高学生的文化素养能够起到一定的作用。

综上所述，医学微生物学课堂教学需要对教学模式与教学手段进行改革，可通过多种途径来实现。在实际教学中应用适宜的教学手段，充分调动学生学习的积极性与主动性，以提升教学效率与效果，打造"金课"目标。

三、"以成果为导向，以赛促学"理念下微生物学实验教学改革与实践

微生物学实验是生物工程专业的核心课程之一，优质的课程教学对培养学生的创新能力和实践能力至关重要。文章对微生物实验课程教学改革的背景进行了分析，并阐述了在课程目标、实验项目、教学方法和考核评价等方面进行具体改革的措施，以期培养学生的创新能力和实践能力，实现生物工程专业实践类课程的长效改革，同时为相关专业课程的教学改革提供参考。

国际工程教育认证倡导的三大基本理念为"学生中心、成果导向、持续改进"，强调以学生为中心，构建以成果为导向的人才培养体系，并进行持续改进。工程教育认证不但对课程整体设置提出了新思路，也对教学方法提出了新要求，要求教师将传授知识转变为培养能力，将"重学轻思"转变为"学思结合"，形成"以学生为中心"的教学模式。

微生物学实验课不仅是微生物学教学的重要环节，而且可以为学习其他生命科学学科如分子生物学、分子遗传学、生物工程学等课程的实验技术奠定良好的基础。微生物学实验课程设立的目标是培养学生掌握

微生物学最基本的实验操作技能，让学生具备从事生命学科工作所需的基础理论研究和教学的实验技能。因此，课程团队教师把以成果为导向的教学模式引入微生物学实验课程教学中，以培养学生的创新和实践能力为教学目的，改革教学内容，优化考核方式。

（一）微生物学实验教学改革背景

微生物学科是生物工程专业课程体系的重要组成部分，作为一门专业基础课程，其对人才培养的作用至关重要。因此，微生物学科教学应该在充分发挥人品来看理论教学作用的基础上，加强实验操作技能的训练，实验教学主要是培养学生熟练掌握微生物学实验的基本操作方法，比如灭菌技术、染色技术、显微观察、培养基配制、菌种分离纯化、细胞计数等。

（二）微生物学实验教学改革实践

教学内容的模块式改革：本课程开设在大二下学期，此前学生已经学完了四大化学实验和生物化学实验等基础课程，较好地掌握了基础常规实验操作，具备了基本实验操作技能。微生物学实验共 48 学时，内容涵盖了微生物实验的基本操作，因此，课程团队把微生物学实验课分为以下三大模块。第一个模块是基础性实验，要求学生熟练掌握四项微生物学基础实验技术——显微技术、染色技术、无菌技术和纯种分离与培养操作方法。第二个模块是综合性实验，包括水体中的细菌检测、土壤中好氧菌的分离计数和酸奶中乳酸菌的分离与鉴定等内容，要求学生对基础实验内容进行综合运用。第三模块是设计性实验，在该模块中学生设计的题目主要是针对某种目的微生物进行分离筛选和鉴定，比如，土壤中高温淀粉酶产生菌的分离与鉴定、餐厨污水中降解油脂的细菌分离与鉴定、腐乳中蛋白酶产生菌的分离与鉴定等。

设计性实验体现了以学生为主的教学方式，实验开始前需要学生有目的性地查阅文献资料完成实验设计，并且完成实验材料收集、试剂配置等实验准备工作，学生在实验过程中必须规范操作并自主完成实验，准确收集数据并记录实验结果，最后完成实验报告的撰写，这种教学模式对学生的实验操作技能、科研素养、综合能力都进行了有效的锻炼和培养。

这种改革既通过基础性实验和综合性实验强化了学生的基本技能和基础知识，减少了传统教育中枯燥、单调的基础训练，又通过设计性实验突出了实验教学的自主性，体现了以学生为中心的教学理念，激发了学生的学习积极性和主动性。课程比赛教学法的实施：在设计性实验的基础上，学生提前设计好图案，将自己筛选出来的菌株在培养皿平板上进行画线培养，让微生物细胞按照画的图案进行生长，最终长成一幅特殊的艺术作品。然后学生携自己创作的微生物艺术作品参加课程比赛——培养基艺术作品大赛，该比赛评委由课程任课教师和专业教师担任，学生现场介绍作品，评委现场打分，选出优秀的作品推荐其参加区级或国家级比赛。用比赛激发学生的学习兴趣，培养学生综合运用微生物学实验技能。

比赛作品的图案设计可以体现学生的审美水平，作品寓意介绍可以反映出学生的世界观、人生观和价值观。在培养基艺术作品大赛中，学生需要自己构思图案，以微生物学实验的接种针为画笔、微生物细胞为颜料完成作品，后期比赛还要求学生选择不同菌落颜色的菌株来作画，因此需要学生具备一定的审美能力。开展培养基艺术作品大赛，能够提高学生的审美水平和人文素养，提升学生的综合素质。全面性教学考核评价：传统的实验课程考核方式多半以实验结果为依据，重视学生的实验报告撰写水平。在以学生为中心的教学理念的指导下，教师需要将过程性评价与结果性评价相结合，从多角度、多层次对学生展开评价，这种方法对于提升实验教学质量有很大的意义。

第二节　新工科背景下微生物教学改革策略

一、新工科背景下应用型混合式教学模式的创新与完善——以"食品微生物学"为例

　　培育多样化、创新型的优秀实用技术人才是新型工科对应用型本科专业教学中的新需求。为培育更多高层次、创新型人才，并促进现代技术与学校课程的深度融合，首先阐述"食品微生物学"课程改革的现状和要求；然后展开混合式教学方法创新，理论课程与实践课程采用线上线下的方式，通过现代技术平台获得相关教学数据，利用反馈数据完善教学方式方法，并增加过程性评价占总学分比例，多维度综合性评价学生能力；最后给出相应的课程体制改革构建路径，为混合教学方式提供了有效的实践途径。

　　2017 年，教育部开展了"新工科"的建设工作，形成了新工科建设的共识与指南，其主体内容是以立德树人为导向，旨在培养未来多元化、创新型高素质工程人员，新工科开辟了工程高等教育改革新途径。在新的形势发展背景下，应用型本科院校是适应市场需求而诞生的一种新的本科形式，重点培养实用技术型人才以适应社会经济发展的需求。应用型本科院校学生对工程的应用、产业的需求、技术的创新和前沿科技的进展更为关注，学生对于课程学习的深度和广度需求日益增长。一方面，学生希望所学知识能够与国内外发展形势紧密接轨，希望所学培养方案核心课程间紧密结合、交叉运用；另一方面，学生希望所学知识可以应用于工程实践，对其后续工作和深造打下良好基础。在新工科建设理念下，应用型本科院校如何将人才培养目标融入专业课程教学活动中，有目的地开展每一门专业课程的课堂教学和实践教学显得尤为重要。

　　"食品微生物学"是食品科学与工程学科、食品质量与安全学科中

的一个重要专业基础课，包括了理论课程和实验课程两部分，与农业（林）产品的加工、贮藏、保鲜和食品卫生管理等方面都有着密不可分的联系，对培养食品行业专业人才有重要作用。在新工科背景下，如何充分使用现代教育技术，探索满足人才培养需求的"食品微生物学"课程教学模式，利用线上线下相混合教学实践，对应用型本科院校理工科专业教学模式进行改革，具有重要的现实意义。

（一）"食品微生物学"教学模式的现状与需求

随着人类对微生物学探索的不断加深，"食品微生物学"课程知识也随之更新，错综复杂的课程知识点形成庞大的理论知识构架，传统课堂教学中以学生听讲为主、记笔记为辅，互动少，无法对课程内容进行有效理解记忆。如何将繁杂的理论知识系统性地传授给学生，便于学生理解记忆，同时探索激发学生保持对专业知识学习兴趣的教学方法具有深远意义。有效的教学方式不仅重视教师如何教，也关注学生如何学，让"教与学"有机结合起来。以学生生活中可能遇到的课程相关知识为案例，与学生共同探讨分析，让学生在掌握知识的基础上，引导学生去探索新知识，从而获得解决问题的能力，这些能力并不是单一用试卷考试的考核方式就能衡量的。现有理论课程考核方式以期末闭卷考试为主，学生在课程考试前夕，突击性背诵大量的知识点，考试后大部分都会遗忘，教师的考核试题难度设置过于简单，对于试题能否体现学生的实践操作能力、自主学习的能力和解决实际问题的能力等缺乏深度思考，不利于学生将来职业发展，偏离了人才培养初衷，因此，授课教师亟须建立对学生理论课程学习综合能力评定的考核模式。

"微生物学实验"课由于微生物比较抽象，学生在理论学习中不方便了解其形态特点，使得学生不能把显微镜观测到的情况和原理联系起来，形成由点到面的基本知识结构，这极大地降低了自学的积极性。"微生物学实验"对人才培养具有奠基作用，实验课程注重实践操作技能培养，以检验性实践为主。在实验课堂操作过程中，"无菌操作"因实验观察视野受限，教师又无法进行一对一讲解，导致一部分学生对微生物实验基本操作不熟悉，后续进入独立实验的困难较大。为提升教师教学方法、实践操作的前沿性与趣味性，调动学生课程学习积极性，培养学生主动探索知识的学习习惯，在课堂教学过程中融入现代化的教育技术手段，可以丰富课堂教学，解决因实验场地、操作间和设备不足等原因导致学生观察演示视角受限的问题，从而可以进一步提升实验课程教学的效果。

现有的"微生物学实验"考核主要由考勤、课堂作业、实验报告构成，并将考试重心转向了实验报告。这种注重对基础知识和技能的全面传授考试方法，并不能获得较好地提高学生的观察思维水平和创新素质。这就需要教师在教学过程中细化过程性考核项内容，提高过程成绩考核占比分值，形成能够真实反映学生学习状况与能力的核方式，建立长期有效真实反映学生学习情况的监督与考核机制。

（二）混合式教学模式创新

高等院校微生物学团队对标课程培养目标，注重有效提升课程教学质量，开始进行线上线下相结合的教学创新与完善。在课程教学设计"食品微生物学"混合式教学模式中，线上以智慧树在线学习平台的国家级精品课程教学内容为主线，线下整合课堂教案、微生物案例和微生物学应用等资源，精心设计课前、课中和课后全过程教学环节，使得视频内容、教师讲解和学生学习三者融为一体，教学相长。

（1）课前，教师在二次备课时，将一章的全部教学内容调整排序，构建以章节为单位的章节知识点思维导图，最后再建立每个章节知识点思维导图之间的联系，最终形成知识网络，教师以章节为单位线上发布知识点内容给学生，并循序渐进地构建知识网络；提前公布章节教学要求、内容、授课进度及每节课的讨论主题，根据线上学习反馈的重难点，规划调整设计线下课堂内容。

（2）课中，教师按照课前公布的知识图谱内知识点进行重点突出、层次分明的总结，注重问题情境创设，引导学生参与问题讨论，调动学生参与课堂师生互动，并依托线上平台记录学生课堂互动等数据。实验教学教师线上线下同步直播基础操作，方便教师随时掌握学生观看情况。

（3）课后，教师以章为单位，发布随机题库测试学生章节知识掌握情况，进行作业批改与辅导答疑，并结合平台提供的学情统计数据、学生线上线下课堂表现和作业情况等反馈数据，及时调整教学方法，提升学生学习效果。

混合—探究式教学基于食品科学工程专业基础课与混合式教学的特点，教师可以根据教学内容，适当引入实际微生物作用案例分析与创新思维训练，引导学生学会所学知识对实际问题进行分析理解，促进学生拓宽思路，逐步提高学生的实践创新能力。反之，对于专业知识深度和广度的扩充又对学习者进一步掌握和巩固内容具有意义。根据教学内容的相关性，对于实际案例与其他省市的"大学生创新食品竞赛"等赛题的引入，总结出实践创新能力培养的教学方法，即混合—探究式教学方法。鼓励学生以学生课外完成、课上指导讨论的方式参加专业各类竞赛，并以合作式教学方法，即：课题探讨—学生分组—小组分工—验证课题可行性—合作完成—作品评比。

在混合式教学模式下，合理的综合考核评价方式可反映出学生的过程学习与综合学习能力。合理的考核评价方式应从学生的平时学习表现、课堂参与度、分析问题、解决问题能力及创新积极性等方面综合衡量。学生最终成绩是由细化后的平时成绩、教学实验成绩以及期末考试成绩组成，平时成绩分由章节测试、考勤及课堂讨论情况组成；实验成绩由视频学习、课堂问答情况及实验报告成绩组成，智慧树学习平台提供课堂考勤、课堂问答讨论情况等分析数据；教师根据人才培养目标，对各项数据赋予分值比例。

（三）教学改革实施效果与后期建设思路

1. 加强教学团队建设

教学团队虽然成立时间较晚，成员也较少，在课程建设方面又是刚起步，但课程团队对提高教师个人教学素养、建立课程资源库有积极作用。后期根据专业学生数量，进一步梳理教学团队成员优劣势，优化师资队伍，吸纳有专业知识的优秀教师进入教学团队，通过课堂竞赛、课程论坛、创新思考培训和经验共享等方法鼓励教师积极提升课堂教学能力，特别是信息化课堂教学的创新能力，全员致力于建设具有混合式课堂教学能力的优秀教学团队。

2. 丰富课程教学资源

教学团队成员分工明确，多平台搜索学科前沿知识，不断更新、充盈教学信息，关注热点话题、与时俱进，及时增加趣味化、生动化的作业和习题，完善更新课程教学资源。团队教师利用寒暑假期及周末到就近企业调研，结合学科前沿发展和地域性市场需求，丰富完善课堂教学内容，以问题和需求为导向，构建具有地域化特色的教学内容，实现精准化教育，全方位提高教学品质。

3. 做深可视化教学

通过开展混合式教学，教学队伍能够对课程设计进行良好的把控，同时借助移动终端和现代技术也能够实现教学流程数据化，从而降低教师部分工作量。因为教学团队中教师教学习惯和信息技术能力有差异，所以在集体备课过程中部分章节之间的可视化数据采集差异性很大。团队成员将持续加强在线教育产品、移动客户端和智能课堂技术融合线上线下合作教学方法的学习，充分利用在线教育平台的智慧教学工具。团队教师全员参与到课程的管理与维护中，与学生进行更多的沟通与指导，通过认真剖析平台数据记录，做好教学反思与改进。教师积极探索多种混合式教学方式，在课堂上采取以练代听、个案评点、探讨与争辩、边听边练、由教师指导和学生串演等教学方法，通过分析平台反馈数据，学生课堂参与积极得到提高，并形成良好的课堂教学互动模式。

4. 优化课程考核

"食品微生物学"课程针对学生理论知识掌握情况和实验操作能力进行考核，学生的总成绩仍然是由平时成绩、教学实验成绩以及期末考试成绩3个部分构成，要提高平时成绩占比，必须注重考查学生平时学习过程中知识掌握情况、分析和解决问题能力、自主探索知识能力。理论教学平时成绩由课前预习情况、课堂中表现和课后学生完成课后习题情况组成，线上学习平台可将每节课学生课前预习、课堂参与度和课堂考勤等方面的情况统计成直观数据。随着学生逐渐习惯了混合式教学方式，学生的主动学习能力也有所增强，学生课后随机测试题正确率有较大的提高，有利于提升班级期末考试平均成绩；实验教学的平时成绩是通过教学视频内容、上课问答情况来评定的，教师可以随时掌握每个学生的学习情况，并由此调整对部分动手能力不强的学生进行单独指导，以此提高学生自主完成实验的学习兴趣。

主动学习能力也有所增强，学生课后随机测试题正确率有较大的提高，有利于提升班级期末考试平均成绩；实验教学平时成绩是通过教学视频内容、上课问答情况来评定，教师可以随时掌握每个学生的学习情况，并由此调整对部分动手能力不强的学生进行单独指导，以此提高学生自主完成实验的学习兴趣。

5. 提升学习兴趣

通过课程教学方法的改革创新实践，有效地提升了学生的学习兴趣，并培养了学生的专业技能；开展了与课程相关的大学生创新竞赛的知识普及量，增加了学生对课程认同感，积极开展线下专业知识教育宣传活动，以食品安全监督管理知识竞赛、食品安全演讲、短视频制作、主题征文、发放宣教图册和开展实践调查等活动，可以丰富教学形态，提高学生认知，增强课堂影响力。

6. 提高教学水平

通过课前、课内和课后多元教学方法融合，学生课程学习效果良好，在学期评教学生评价分值时有较大提高。据平台统计数据显示：学生课前均能主动按照教师发送内容完成课前任务，并在课堂互动中保持活跃状态，课后能按时完成复习任务。多数学生能较好地掌握章节内的知识点，在每个章节随机题库测试中成绩稳步提升，启发式与任务式教学方法的结合，可以激起学生求知欲，提高学生综合分析与解决问题的能力。学生通过在课堂内的相互讨论，能借助多媒体自主学习课程的相关内容，从而能更好地拓宽知识的深度与广度。

"食品微生物学"课程混合教学改革创新实践，教育教学与信息技术融合的课堂教学改革提高教师对课堂教学控制力，教师及时掌握学生学习基础以及学习情况，对学习基础有差异的学生在课后拓展部分因材施教，有效地提升学生学习积极性以及解决问题的能力。同时，团队式混合式教学推动了专业课程建设，实现教育教学资源共享与应用，探讨解决课堂教学中存在的典型问题，课程教学团队内教师共同协作，集众家之长的将更完善的专业知识传授给学生，培养学生的科研探索精神，使得学生具备适应经济社会发展需要的终身学习意识和能力，这对应用型本科院校理工科专业人才培养具有积极意义。

二、新工科背景下的微生物检验学课程教学改革研究

随着新工科建设的进行，有必要对现有的工科专业教学进行改革。随着新工业革命的进行，国家加速推进新工科建设。教育部发布的《教育部高等教育司关于开展"新工科"研究与实践的通知》中明确指出，主要从"工科优势高校""综合性高校"和"地方高校"三类学校入手，推进"新工科"的建设与发展。新工科建设是以智能制造、云计算、人工智能、机器人等用于传统工科专业的升级改造，相对于传统的工科人才，未来新兴产业和新经济需要的是实践能力强、创新能力强、具备国际竞争力的高素质复合型新工科人才。高等教育新工科的目标就是培养伟大、卓越的工程师，这成为适应 21 世纪新时代工科教育的新命题。微生物检验学是高校生物工程专业的一门专业核心课程，是专业人才培养的主线，是学生构建专业知识框架的重要组成部分，因此，在新工科背景下，鉴于微生物检验学的重要性，该课程应当进行深入改革，研究新理念、新要求、新途径的工程教育模式，采取积极的措施从知识结构、培养模式与知识运用、动手实践等环节进行针对性的改革或创新，以满足未来国家、行业乃至学生个人发展的现实需求、适应新形势发展。

（一）微生物检验学课程的地位与作用

通过前导课程《微生物学》《生物化学》《分子生物学》和《细胞工程》等的学习，使学生在掌握微生物学及生物化学相关理论知识和基本实验技能的基础上，进一步提升学生微生物检验技术的综合素质和能力。而微生物检验学的教学目标是通过理论讲述与实验、实践相结合，要求学生掌握微生物学的基础理论知识、基本实验技能以及常规项目的检验原理与方法，制定出食物中毒性微生物、食物感染性微生物、动物病原微生物、微生物抗原及毒素等的微生物学检验程序，并能解决在临床诊断、食品安全等领域存在的实际问题，为生物工程专业学生从事公共卫生以及食品安全检验方面工作打好基础。

（二）教学改革的思路和内容

1. 教学改革整体思路

以适应现代食品行业、医学检验职业岗位任职需求为导向，参照国家食品微生物检验人员的职业资格标准，对微生物检验学课程进行教学改革与实践。课程改革实施过程中，将以培养"具有高水平的医学检验以及食品安全检验技能和良好职业素养"的优秀人才为总体目标，在教学内容和教学方法等方面进行系统优化，充分体现出本门课程创新性和应用性强的特点。课程改革的最终目的是能解决在临床诊断、食品安全等领域存在的实际问题，为生物工程专业学生从事公共卫生以及食品安全检验方面工作打好基础。

2. 教学改革内容

第一，理论教学方面。现在选用的教材为普通高等教育国家级规划教材，教材知识体系较清楚，内容深入浅出，通俗易懂。精简了部分内容，增加应用实例，凸显方法的适用性，更加注重能力的培养，并根据企业需求适当调整该课程的侧重点。通过对生物工程专业实习、就业单位的调研走访、毕业生的跟踪调查，明确用人单位对学生在微生物检验学课程中最需要掌握的知识和技能，根据社会需求调整教学知识点。

第二，实验教学方面。在实验教学内容制作方面，教师结合当前食品检验行业的任职需求，不断更新教学内容，突出重点和实用性。对当地食品生产企业及检测机构进行调研，以企业微生物检测项目和岗位技能需求为依据选择实验内容，最后确定为"食品原料中金黄色葡萄球菌的检验、副溶血性弧菌的检验、常见食源性细菌的荧光定量 PCR 检测"三个实验模块，学生根据国家标准的检验方法，独立完成实验准备、样品处理、培养基制备、接种培养、结果记录、撰写报告等任务。对实验过程中出现的问题及时主动探明原因，充分发挥学生的主动性、积极性、创造性，提高学生的实验兴趣。

第三，将前沿知识引入实验教学，培养学生创新实践能力。随着科学技术的进步，新仪器、新方法层出不穷，新知识在不断更新，教师授课内容应该融入学科前沿课题相关的内容，开阔学生的视野和思维，培养和提高他们从事创新活动的兴趣和能力，并组织学生积极申报各级大学生研究性学习和创新性实验计划项目，教学过程中教师可以用自己的科研项目来进行项目导向教学。

第四，加强企业培训方案。充分利用校外实习基地，强化理论知识与工业实际应用的结合。食品医药是四大重点产业之一，学生在实习的过程中，不仅对知识理论有更深刻的理解与掌握，而且能够表现出更好的交流沟通能力和团队合作精神。此外，还将校园内外一些餐饮店食品微生物检验与课程实训相结合，把所学知识尽量与实际相结合，强调培养学生的实际操作能力和综合运用能力。

3. 教学方法的改革

采用现代化的多媒体教学设备与传统的板书相结合进行理论课的教学。PPT 的制作风格简练，不烦琐，并且增加了图片、动画和视频，能有效地辅助教学，可以把抽象的概念形象化，具有较高的趣味性与启发性，同时使学生在有限的课堂时间内获得大量的信息，缩短了教学时间。除了教学方法，教学平台也随之互联网的快速发展日益多元化。教师和学生可以通过网上学习平台、QQ 在线答疑等方式更好的进行课外辅导。这种模式能使课堂教学延伸，调动学生的积极性，使学生从被动地接受知识到主动地参与学习知识，充分体现现代化教育理念，有效提高课程的教学效果。

微生物检验学课程的教学模式必须结合学校所在地域行业发展现状及要求进行调整。对于地方高校来说，适应国家"新工科"的要求，需推动现有工科专业的改革创新，要以提高学生创新精神和实践能力、增强学生就业创业能力为宗旨，以行业企业需求为导向来培养应用型人才。同时，社会需求的不断发展对微生物检验学专业人才的培养提出更新更多的要求，教学模式改革也应因时而变。因此在新的教育理念下，使人才培养向知识综合化、技术前沿化、创新型工程技术人才的方向发展。

三、新工科背景下食品微生物学课程教学改革

食品微生物学是食品类专业的专业基础课程，该课程内容抽象、知识点较多、与其他课程联系紧密以及学生理解困难等特点。针对新工科背景下高等教育人才培养特点，本文课程教学体系的创新构建、实践教学体系、多学科交叉融合平台以及多元化课程学习评价体系四个方面系统阐述食品微生物学课程教学改革和实践。通过课程改革和实践，显著提高了食品微生物学的教学效果，充分提升了学生对课程知识的理解能力、创新能力和工程实践能力。

教育部号召全国各地高校开展新工科的研究实践活动，要求各高校一方面主动设置和发展一批新兴工科专业，另一方面推动现有工科专业的改革创新。随着世界人口膨胀带来的粮食危机、食品安全以及人们对营养健康的追求和食品领域大工业化时代的到来，我国食品工业对科技和人才质量需求越来越高。因此，开设食品类专业的高校如何完善课程教学，提升人才培养质量是融入国家和区域发展战略的当务之急。

（一）以"新工科"战略为指导，构建新的课程教学体系

随着科学技术的发展，微生物学出现了一些新的知识点和技术，如

基因组、蛋白质组、转录组、代谢组、糖组学等组学，微生物预测技术，物理杀菌技术，肠道微生物等学科前沿知识。因此，需要对传统的课程结构进行创新改革，将最新研究成果进展融会到理论课堂教学，保持理论课程知识的先进性和前沿性。在课堂上，围绕基本理论知识点，将最新科技研究成果穿插课堂，以此加深学生对最新知识点的理解和掌握。针对新引入的知识点，将学生分组通过网络、数据库查阅资料，然后分析总结，制作PPT，每组选派代表在课堂进行讲解，不仅可以加深本组学生对新知识点的理解和掌握，还可以让其他小组学生掌握新知识点。目前，教育部组织建设了精品资源课程、共享课程、公开课程、慕课等共享课程资源，教师可根据课程知识特点，在微生物课程教学过程中将这些共享课程引入课程教学，激发学生的学习兴趣，提升课程教学效果。对于微生物学实验，实验内容的安排要紧跟理论课程知识点，实验的设计要配合理论知识的更新，安排一定比例的实验去检验新知识点。此外，微生物学理论课程要与食品工艺学结合起来，结合食品专业的特点，将食品工艺学中涉及的知识点要重点讲解，这样有利于学生对知识的消化吸收，让学生了解到微生物学是一门学以致用的课程。

（二）以"工程教育认证"为契机，构建创新能力导向的实践教学体系

食品微生物学是食品科学与工程、食品质量与安全、食品营养与卫生等专业基础课程，融合了基础理论、实验、实践实训等环节，具有基础性、工程性、实践性的特点，其教学质量直接关系到后续课程的学习，关系到学生的能力培养和毕业质量。为适应食品工业的发展的要求，不断更新、调整、优化课程内容，将国际上最新的食品科学和工程技术成果引入课堂，提升学生的创新实践能力。

第一，按照工程教育认证"以学生为中心、以产出为导向"的核心理念，采用"以学生为中心，以工程问题为引导"的教学方法，并结合认证标准，着力推行研究实践型学习，强化学生自主分析和解决问题能力的培养，强化实践能力和批判性思维的培养。针对既定理论和实践问

题，通过线上、线下途径进行探讨、交流，在学生解决实际问题的同时，不仅能充分消化吸收课题理论知识，还有利于培养锻炼团队解决问题的实践能力。

第二，按照工程教育认证要求，加强教师队伍的工程实践能力。工程教育认证标准要求，工程类专业教师应具有专业水平、工程实践经验、与外界沟通交流能力，具有企业经历或工程实践经历的教师人数应达到 20％以上。因此，针对专业教师工程实践能力薄弱的问题，实行青年教师导师制度，对青年教师从教学基本环节进行培养，并参与指导教授的科研实践项目，通过指导教授的传帮带，到专业导航、学术讲座沙龙、毕业论文设计等工作中，在学生实习、科研创新竞赛和毕业设计等环节实行校内外双导师制，通过这种形式加强教师、学生与行业的沟通，及时掌握行业动态，融入食品微生物学课程教学和学习中。

第三，食品专业的工科属性较强，食品微生物学在这个教学体系中具有承接作用，学生对于该门课程的学习不应局限于课堂、实验室和讲座等途径，而应充分利用校院资源学习。因此，食品专业教师在与企业和其他单位的科研合作中，应根据项目内容，根据学生兴趣和特点，将学生吸收到项目研发活动中来，可以定期派驻学生参与企业的生产或研发活动中，并且与科研和生产实践单位联合培养学生，通过根据学生特点、兴趣和项目内容相结合进行分层次培养的形式，可充分调动学生对于食品微生物学这门课程知识的理解、掌握和应用。

第四，我国建立一定规模的学生竞赛体系，如"挑战杯"全国大学生课外学术科技作品竞赛、"互联网＋"全国大学生创新创业大赛等国家级竞赛平台以及行业龙头企业冠名的竞赛，为学生的创新实践提供了充分的平台和资源。因此，指导教师在竞赛题目的选拔过程中，应将食品微生物学的课程知识与竞赛要求结合起来，让学生将课堂所学食品微生物学知识融会贯通到产品开发过程中，真正体会到食品微生物的作用，加深巩固课题效果。

（三）以"双一流"建设为导向，搭建多学科交叉融合研究平台

2015 年，国务院印发《统筹推进世界一流大学和一流学科建设总体方案》，向我国高校明确提出了创建一流大学和一流学科的任务。"双一流"的根本宗旨就是提高我国高校和学科的创新能力，实现我国高等教育强国的目标。当今世界，许多重大理论和工程实践突破，大多是学科交叉、融合的结果。高校作为知识创新的源泉和阵地，多学科融合既是自身的优势又是新兴学科的增长点、优势学科群的发展点、重大创新的突破点以及创新人才培养的着力点。为顺应新时代发展对人才培养的要求，食品微生物学的教学要以双一流建设为导向，通过多学科交叉融合，实现专业知识传授、理解、消化、吸收和创新的着力点和突破口。因此，第一，应以依托学科为主轴，引导转岗教师和新进人员分别向食品学科和依托学科渗透，促使科学研究之间深度交叉、融合，强化不同学科背景的专业教师交叉合作研究，逐渐凝练出新的学科特色。第二，以项目研究为牵引，突破原有的院系和学科障碍，整合多学科资源，组织不同院系相关学科人员共同参与申报项目，从学科队伍、平台资源、技术条件等多途径食品专业学科建设，打造多学科相互渗透、职称的交叉研究，食品微生物学的教学和实践提供平台。第三，建立校内院系、校企、校校以及校所等科学研究和公共服务共享平台，形成多学科、多团队、多技术、多资源协同互补体系，形成基础研究、工程攻关、产业转化、社会服务和人才培养的整合创新系统，切实推进高校的创新型人才培养。

（四）以创新能力培养为目标，建立多元化课程学习评价体系

面对新工科背景下，食品行业对人才质量的需求不断提升，传统的食品微生物学课程教学需要不断进行改革，显然传统的评价体系不足以评价课程教学改革成果，因此需要课程教学评价体系也需要创新改革。

在前面所述的食品微生物学课程改革中，已充分吸收"互联网＋"、共享现代社会生产生活方式，如网络标准化课程、视频公开课、资源共享课、慕课以及生产问题讨论和生产实践等形式。因此，在食品微生物学教学过程中，可以在线测试（电脑客户端、手机 APP）、网络答疑（QQ 群组、空间、邮件、微信等）、网上作业提交和批改以及线上线下交流讨论，及时监控和了解学生的日常学习状态和创新实践能力，促进学生自主性学习、过程性学习和体验式学习，通过建立线上与线下相结合、过程与终结性课程考试相结合的多元化考核评价模式。教师还可以根据线上线下学生考核结果，及时对教学内容和教学方法进行调整完善。

针对新工科背景下高等教育人才培养快点，本系、多文通过课程教学体系的创新构建、实践教学学科交叉融合平台以及多元化课程学习评价体系四个方面系统阐述食品微生物学课程教学改革和实践，探讨新工科背景下食品微生物学教学新思路和新方法。通过课程改革和实践，显著提高了食品微生物学的教学效果，充分提升了学生对课程知识的理解能力、创新能力和工程实践能力。

第三节　工程认证背景下微生物教学改革策略

一、工程教育专业认证背景下的微生物学教学改革

工程教育专业认证具有完整的理论体系、培养理念和评价标准，高等学校积极开展专业的认证工作能够推进教学改革。在工程教育专业认证的背景和要求下，从微生物学课程角度介绍了课程目标、教学过程、课程质量评价和解决复杂工程问题能力培养等方面的注意事项与教学改革探索，提出了一些观点和建议。

微生物学这一学科通过讲授微生物学的基础知识、基本理论及典型的工农业生产应用实例和前沿科学研究等，培养学生分析问题和解决问

题的能力，同时为学生进一步学习其他专业课程打下基础。以参加工程教育专业认证为契机，微生物学课程进行了一些教学改革的探索与实践，旨在进一步提升学生的创新意识，注重培养学生综合运用微生物学的基础知识和基本理论解决生物加工过程中复杂工程问题的能力，以适应工程教育专业认证的标准和要求。

（一）工程教育专业认证的核心理念和对专业课程的要求

工程教育专业认证的内涵是建立以产出为导向的人才培养体系并持续改进，核心理念包括三个方面的内容：以学生为中心、产出导向、持续性改进，最终实现人才培养质量的不断提高。在多年的实践中，工程教育专业认证在学生、培养目标、毕业要求、持续改进、课程体系、师资队伍和支持条件等七大方面形成了一套通用标准。以学生为中心要求学校的教学活动面向全体学生，按照制定的统一标准和体系进行培养，最终全体合格毕业生都能达成设定的培养目标和毕业要求。成果导向要求整个教学体系围绕合格毕业生培养目标和毕业要求的达成来设计，毕业要求能够合理支撑培养目标，教学过程围绕达成毕业要求开展，重点关注学生的学习成果，以学习成果的评价改进教学过程。持续改进要求建立培养目标与毕业要求的周期性评价机制和教学过程的质量监控机制，评价结果能够及时反馈到人才培养的各个环节，不断提高人才培养质量。

（二）设计合理的课程目标

在工程教育专业认证背景下，传统的课程教学存在着诸多问题，例如课程组织缺乏系统设计、课程着重于灌输知识而忽略能力培养、课程质量评价机制和教学质量监控不完善等。工程教育专业认证面向产出的评价机制要求人才培养过程要以学生发展为中心，课程体系、师资队伍和支持条件等要围绕学生发展的需求设定，根据学生学习效果进行评价和改进，从而促进教学过程由知识体系向能力体系转变。专业要以培养目标为基础设定明确、公开和可衡量的毕业要求，完全覆盖工程认证标准的十二个方面。毕业要求的分解充分体现培养目标和专业特色，各指标点的逻辑清晰且合理对应到相关课程，通过课程教学来实现毕业要求达成。在此基础上，课程的教学目标要围绕毕业要求指标点制定，形成合理有效的支撑关系，相互之间可以采取一一对应、一对多、多对一和互有交叉等多种形式，要面向学生的学习效果，有相应的教学内容和教学环节来支撑，并且能够很好地衡量和评价。

微生物学教学内容多，涉及微生物相关的各个方面，部分学生对如何学好本门课程感到困惑。课程教学要以学生"学"非教师"教"为中心，以培养和提升学生能力为目标，促进每个学生的德智体美劳全面发展。课程教学首先要让学生明确本门课的教学目标，从而有针对性地开展教学活动，以课程目标为基础开展定期评价和持续性改进。在教学过程中，通过教师悉心指导，学生能够主动学习微生物学的基础知识、基本理论和典型的工农业生产应用实例，能够综合运用相关知识，分析微生物发酵相关的复杂工程问题，学生能够在熟练掌握微生物生长、代谢和遗传变异基本规律的基础上，根据实际问题和工作需要，分析并获得对微生物进行有目的改造方案。

（三）教学过程围绕课程目标的达成开展

以学生为中心的教学理念将学生作为教学活动主体，教师在教学过程中起引导作用。课堂教学是实现培养目标和毕业要求达成的重要载体，工程教育专业认证要求对传统的课堂教学模式进行改革，更加关注学生的学习成果，形成学生主动学习的模式，促成教学和学习过程的持续互动改进。教学过程可采取互动式和研究型的方式，探索任务驱动和自主探究的学习模式，实施混合式教学和翻转课堂，将学生由被动的知识接受者变为自主学习者与自主探究者。很多高校已经开展了线上线下混合式教学的探索，建立了完善的在线教育综合平台，微生物学教学团队已经建成完整的网络教学资源，包括电子版教材、课件以及全程的讲课视频等。学生能够充分利用这些教学资源，合理安排自主学习的时间，课下也能自主及时进行巩固，提高学习效率。学生除了在网络教学平台进行学习外，还可通过电子图书馆查阅文献等资源，解决学习过程中的疑问和困惑。微生物学是一门理论与实践结合十分紧密的课程，非常适合开展混合式教学和翻转课堂教学。例如，周德庆编著《微生物学教程》的营养物质运输部分没有涉及代谢产物与蛋白质等的分泌问题，教师可以就此让学生利用网络资源等在课堂外进行自主学习，当学生需要指导时，教师提供必要的支持，帮助学生便捷地获取资源、利用资源和处理信息。在课堂教学环节，学生可以分组进行问题讲解，其他学生提问和讨论，教师进行补充总结，充分增加学生的互动时间，有助于增强学生的自主学习能力、思考问题能力以及团队合作精神，实现以"学"为主的教育方式转变。

（四）定期开展课程质量评价

工程教育专业认证的持续改进机制要求对培养目标、毕业要求和课程目标进行定期评价，不断推进教学改革。持续改进能够实现以培养和提升学生能力为中心，在培养目标、毕业要求、课程体系、师资队伍和支持条件等方面建立"评价－反馈－改进"闭环，掌握毕业生和社会需求，并对教学内容与方式等及时调整和修正。

课程质量评价首先要对课程目标的达成情况进行评价与分析，从课程角度对学生的学习效果进行评价，为毕业要求的达成情况评价提供基础和证据。课程目标达成情况的具体评价方式可以根据实际情况选择，采取定量评价、定性评价和综合评价等。目前主要的评价方式还是基于各种考核环节的数据，因此，设计合理的考核方式和内容对课程评价至关重要。不管是作业、课程论文等过程考核还是期末考试，考核内容要围绕课程目标设计，考核方式有利于判断课程目标的达成情况，能够覆盖全体学生并且便于操作实施，评价标准特别是"达成"标准要细致明确，充分体现层次差距。例如，在期末考试设计中，每一项考核内容都要与具体的知识点和能力点相对应，命题时预先根据课程目标设定相应的题目和分值比例等。微生物学具有很强的实践性和应用性，很多重要理论和技术与生产实践有着密切关系，考试可以侧重考查学生对知识的灵活运用能力和对实际问题的解决能力。

课程质量评价还应该包括形成性评价。不同于作业和课程论文等过程考核，形成性评价是教学过程中为发现可能存在的问题、了解学生学习情况等进行的评价方式，以便教师能够及时得到学生对教学过程的反馈，作出相应的调整，改进教学内容和教学方法等。形成性评价可以采取非正式的考试、随堂测验或者调查问卷的方式进行。

（五）重点关注解决复杂工程问题的能力培养

培养学生解决复杂工程问题能力，应贯穿在专业课程的教学过程中，这就要求教师在授课时要从着重于解释原理转变为运用原理，从注重"教"转变为教与考并重，逐级推进能力培养。学生首先能够将自然科学的基本原理和数学建模等用于识别、表达和分析复杂工程问题，进一步能够将多个学科的知识用于分析、设计和研究本专业复杂工程问题，最终能够自主设计、综合评价和有效实现复杂问题的解决方案。

传统的教学模式以"教"为主，知识进行单向传递，不利于培养解决复杂工程问题的能力。教师在课程讲授时可以设置一些实际问题，将相关的重要知识点全面覆盖。开展项目探究式教学，设置研讨题目，例如"土壤中产纤维素酶菌株的分离、筛选、鉴定与产酶能力提高研究"，涉及微生物的形态、构造、培养基、代谢、生长、遗传育种、鉴定等多个方面知识。通过学生自主学习与问题讨论，能够培养学生综合运用知识解决复杂工程问题的能力，学生提出的某些研究思路也有可能达到"教学促进科研"的良好效果。

面向产出的评价机制是工程教育专业认证理念的集中体现，针对课程的质量评价是面向产出的评价机制的核心。承担专业课程的教师需要根据工程教育专业认证的理念和标准深入思考课程建设中的相关问题，聚焦学生的学习成效，保证每名毕业生都能达成课程目标及其支撑的毕业要求。工程教育专业认证的理念与要求对提升专业办学水平具有重要推动作用。当前，在高等学校争创一流本科教育、建设一流专业和一流课程的背景下，广大教师要深入落实立德树人根本任务，对课程建设进行不断探索和实践，对教学内容和方式等进行持续性改进，不断强化学生利用学科基本理论来正确认识、全面分析和综合解决复杂工程问题能力的培养，必将提高我国工程教育水平，培养合格的工程师，为国家经济社会发展服务。

二、基于工程认证的微生物学实验课教学改革研究

工程教育认证的核心理念是以学生为中心、以产出为导向，通过持续改进提高培养学生的质量。此处结合工程教育认证的要求与新时代下食品科学与工程专业的培养方案，对食品专业微生物学实验课程的教学内容与教学方法进行改革，以提高教学效果。

（一）微生物学实验课程教学现状

微生物学实验课程的内容包括：培养基的制备和灭菌、微生物的形态观察、分离培养、生理生化、诱变育种等。这些内容跨度大、关系松散。如果按照传统的顺序采用独立的小实验一个个进行，每一个实验都成了比较简单、枯燥的验证性实验。由于实验结果是已知的，学生觉得做实验只是一种形式，传统的教学模式很难激发学生的学习兴趣，学生在学习过程中处于被动状态。针对以上问题，面向工程认证，教师将所有的实验连贯成一个有机的大实验，这个大实验需要覆盖普通微生物学实验中学生必须掌握的实验内容，特别要突出微生物学实验自身的基本技术：无菌操作技术、分离纯化微生物、微生物的制片染色和形态观察、微生物的培养技术等。

（二）改革教学内容

将微生物学实验的教学内容分成紧密联系的几个部分：培养基的制备和灭菌、环境中微生物的检测；微生物的分离纯化（分离根霉菌、乳酸菌）；酸奶与甜酒酿的制作；微生物的形态观察；样品细菌总数的测定；食品中大肠菌群的检测。

1. 培养基的制备与灭菌、环境中微生物的检测

培养基的制备：培养基是人工配制的适合于不同微生物生长繁殖或

积累代谢产物的营养基质，它是微生物接种、分离培养的基础。

培养基的配制原则：适宜的营养成分、适宜的 pH 值、适宜的渗透压和适宜的物理状态。

培养基的制备过程：查配方、称量药品、加热溶解、调 pH 值、分装、包扎、灭菌、倒平板或摆斜面、无菌检查。

掌握制备培养基的方法和操作注意事项：用电炉加热培养基时，必须注意用电安全，以防触电。灭菌锅必须有高压设备的警示牌，定期进行检测，在操作过程中灭菌完成后，要等压力表的指针降到 0，才能打开灭菌锅。如果不是全自动高压蒸汽灭菌器，需要在打开锅盖前开启排气阀，以防压力表不准确，虽然压力表指示为 0，但内部压力高于 0，打开锅盖会对操作人员造成伤害。

环境中微生物的检测：用无菌平板检测空气、超净工作台内空气、洗手前、洗手后的微生物，做好标记，同时做对照实验，然后在合适的温度下培养一定的时间，观察平板上有无菌落出现，通过本实验树立"有菌观念、进行无菌操作"。

2. 微生物的分离与纯化

微生物分离纯化的目的是从各种样品来源混杂的微生物群体中获得纯种微生物即在一定的条件下培养、繁殖得到只有一种微生物的培养物（也称纯培养物）。将待分离的样品进行一定的稀释，使得每一个微生物细胞尽量能够单独分散存在，通过适当的方法将某种微生物挑选出来，然后进行纯化。常用菌种分离纯化的方法有稀释倒平板法、稀释涂布平板法、平板划线分离法等。稀释分离法获得单菌落之后还需要进一步采用平板划线法进行纯化。实验过程要注意无菌操作。

实验操作过程：①培养基的制备和灭菌、无菌生理盐水的制备；②移液管（或枪头）、取样纸袋、烧杯等的包扎和灭菌；③取样及样品的稀释；④分离微生物；⑤）微生物的培养；⑥微生物的计数及纯化；⑦菌种保藏。

分离甜酒曲中的根霉菌、分离酸奶中的乳酸菌、分离水果表面的酵母菌、分离土壤中的枯草芽孢杆菌等，分离土壤中的枯草芽孢杆菌需将土壤样品加热处理 10 min，以杀灭不耐热的营养细胞。

3. 微生物的应用：酸奶及甜酒酿的制作

乳酸菌指发酵糖类主要产物为乳酸的一类无芽孢、革兰氏染色阳性细菌的总称，凡是能从葡萄糖或乳糖的发酵过程中产生乳酸的细菌统称为乳酸菌。学会乳酸发酵测定和制作乳酸菌饮料的方法，了解乳酸菌的生长特性；掌握培养基的配制方法和原理以及一些实验仪器的使用；巩固所学的专业知识，提高专业技能；将理论知识与实践结合起来，培养实践能力，为以后工作岗位打基础。

制作方法：为了让学生有工程的概念，在一个 3 L 的烧杯中制作酸奶，烧杯用沸水煮 10 min，然后加入经过巴氏灭菌的牛奶（灭菌前加入 5% 的蔗糖，搅匀）2.5 L，冷至 40～42 ℃，接种 5%～10% 含乳酸菌的市售酸奶；用保鲜膜封好，轻轻摇匀。放置于 42 ℃ 的培养箱中，需要 4～6 h 即可（夏天常温下 12～16 h），凝固成豆腐脑状即成。

注意事项：菌种质量是关键，注意环境和操作台的清洁卫生最好在超净工作台内进行。

4. 微生物的形态观察

用光学显微镜观察根霉菌、酵母菌、乳酸菌、枯草芽孢杆菌的形态，对细菌进行简单染色和革兰氏染色，掌握油镜的使用方法，从菌落形态上区分细菌、酵母菌、霉菌、放线菌。

5. 样品细菌总数的测定

菌落总数测定是用来判定食品被细菌污染的程度及卫生质量，它反映食品在生产过程中是否符合卫生要求，以便对被检样品做出适当的卫生学评价。菌落总数的多少在一定程度上标志着食品卫生质量的优劣。菌落总数的测定，一般将被检样品制成几个不同的 10 倍递增稀释液，然后从每个稀释液中分别取出 1 mL 置于灭菌的平皿中与营养琼脂培养基混合，在一定温度下（37 ℃），培养一定时间后（一般为 48 h），记录每个平皿中形成的菌落数量，依据稀释倍数，计算出每克（或每毫升）原始样品中所含细菌菌落总数。

实验操作：样品的稀释；倾注平皿；培养 48 h；计数报告，样品为自制酸奶、自制甜酒酿、自来水、湖水。

6. 样品中大肠菌群的测定

大肠菌群并非细菌学分类命名，而是卫生细菌领域的用语，其定义为：需氧及兼性厌氧、在 37 ℃能分解乳糖产酸产气的革兰氏阴性无芽孢杆菌。检测大肠菌群的操作步骤：国家标准采用三步法，即：乳糖发酵试验、分离培养和证实试验。

种镜检为革兰氏阴性无芽孢杆菌的可疑菌落于乳糖发酵管 36±1 ℃培养 24±2 h，观察产气情况。

报告结果：根据证实为大肠杆菌阳性的管数，查 MPN 表，报告每 100 ml 样品中大肠菌群的 MPN 值。大肠菌群的检测本质上是对所测样品中的大肠菌群进行分离、纯化，得到大肠菌群的单菌落，再进行镜检、复发酵。

注意事项：培养基的制备；器皿的包扎和灭菌；无菌生理盐水的制备；样品稀释度的确定；抑菌剂—胆盐的主要作用是抑制其他杂菌，特别是革兰氏阳性菌的生长；MPN 检索表的正确查阅。

不同的小组选用不同的样品：酸奶、甜酒酿、自来水（接种量 10 支试管，每支加水样 10 ml，2 个锥形瓶，每个加水样 100 ml）、湖水等，将所测结果进行比较。

工程教育认证的目标全体学生都需要达到。通过对微生物学实验教学内容融入紧密联系的几个实验中，有利于学生对知识的理解和掌握，探索以学生为主体、教师为主导的课程教学新模式，注重培养学生分析问题、解决问题的能力，注重安全操作规程、对学生进行工程训练、培养学生的工程实践能力，为解决复杂工程问题打下坚实的基础。

第四节　基于科研训练计划视角的微生物学教学

一、微生物学教学的一个重要环节

（一）科研训练计划实施的必要性

微生物学是一门实验学科，有着与其他学科不同的实验规程和操作技巧，如严格的无菌操作技术，各种微生物的分离、培养技术，消毒灭菌技术等。如何使学生在了解当今学科发展的同时，锻炼思考和实验操作能力，是摆在人们面前的一个严肃而迫切需要解决的问题。实验课教学固然是一个重要的途径，但由于每个实验通常只进行一次，学生没有重复的机会。通过科研训练计划的实施，不仅可以锻炼学生的实验技能，同时也为他们继续进入四年级完成毕业论文、研究生阶段的深造和将来进入工作岗位打下良好基础。

（二）科研训练计划实施的内容

1. 选题

根据本实验室的研究内容和课题组目前承担的研究项目，提出切实可行的研究题目，学生可根据兴趣自选，包括高产磁性纳米颗粒基因工程大肠杆菌的构建，极耐高温木聚糖酶的研究和应用，丝状真菌异核体异核机制的研究，有益真菌的筛选及真菌转化体系的构建等课题，列出一些比较简单，但又可独立立项的内容，写出课题名称，如根瘤菌资源数据库的改造及应用丝状真菌原生质体的制备与再生、棉花黄萎病菌异核体的分离、鉴定，棉花黄萎病菌不同致病力菌株同工酶分析，棉花黄萎病菌不同致病力菌株线粒体基因组分析，极耐高温木聚糖酶基因克隆及其在大肠杆菌和毕赤酵母中的表达，木聚糖酶突变体的性质分析、土

壤杆菌 β 葡萄糖苷酶非同源区的结构与功能分析，绿僵菌的产孢特性及其杀虫试验，虾青素产生菌的筛选、诱变育种及 HPLC 测定方法的建立，纤维素酶产生菌的分离，趋磁螺菌深层培养及磁颗粒分离纯化的研究等，接下来的工作将要求学生自己完成。

2. 查阅资料

通过个别交谈，讲明所选课题的内容、意义及需要解决的问题，学生根据将要进行的研究内容查阅文献。由于初次进入科研训练，一时不知如何下手，需要指导教师启发，并适当提供关键词和检索方法。

3. 制定方案

学生根据自己将要开展的研究内容，写出工作计划，与教师充分讨论并确定。

4. 实施实验

学生根据个人时间，独立实施研究计划，包括独立准备实验材料，期间一些操作需要具体指导。

5. 总结讨论

随时讨论工作进展，研究解决出现的问题。

6. 完成报告

每位学生根据自己在一定时间内的工作，按科研论文的形式，写出规范的研究报告，包括前言部分、材料与方法、结果与讨论，以及针对一些没有来得及开展的工作提出今后的打算。

7. 参加课题组学术活动

在进行科研训练计划的过程中，学生参加本课题组两周一次的研究报告，一方面可以了解他人的工作，另一方面可以鼓励大家交流思想。教师也为每位学生提供了讲解的机会，锻炼他们的表达能力。

(三) 教学与科研的结合探讨

教学与科研的有机结合，对于讲课内容引进新概念、新理论、新思想、新技术、新方法新成果可以说是必需的，或者说是更加有效的。授课教师进行一定的科研，对于教师本身综合素质的提高非常有效，学生的受益更为突出。科研的基础是研究经费，经费的获得项目或者是前沿性的基础理论研究，或者是具有经济效益、社会效益的应用研究，两种都需要创新、探索、实干、总结思考等。科研的进行，不仅加深了学生对于微生物学中的一些基本概念、基本理论的理解，而且利于学生掌握课本以外的知识和技能。再新的课本，都不可能及时地跟上学科的发展，新概念、新理论、新成果、新技术、新方法的及时和适当补充，不仅提高了学生学习的兴趣，为学生开了眼界，而且使得学生能尽快了解和掌握最新科技动态和科技前沿，推动学生寻找问题、思考问题、解决问题。先进的科技成果及先进的科技方法，带来的是先进的思想和先进的处理问题的方法，有利于培养我国 21 世纪高素质人才，有利于建立教育与科研密切结合的新机制。虽然教师教学、科研双肩挑，意味着要付出更大的努力，但是这是教师的责任和义务。

在实施 URP 计划的过程中，教师增加了与学生交流的机会，有利于及时发现问题和解决问题。把平时发现的带有普遍性的问题集中起来，通过课堂提醒大家，也时常根据学生的建议，增加和调整教学内容。这种互相促进的交流形式，无疑为进一步搞好教学带来了活力。培养 21 世纪人才，提高学生综合素质，是当代教师义不容辞的义务。在高等院校二、三年级实施科研训练计划，是一个十分重要的教学辅助环节，应该提倡和坚持。

第五节　基于"以学生为中心"视角的微生物学课堂教学

一、"以学生为中心"的微生物学课堂教学研究

培养目标和课程体系确定之后，教学内容和教学方法就成为影响人才培养的重要环节。微生物学是生命科学、生物技术、生物工程各专业

重要的专业基础课，教学质量的高低直接影响到人才培养的质量。以教师包办为主的注入式教学法已不能适应现今对人才培养的要求，必须改革。

（一）"以学生为中心"的教学理论

传统的课堂教学模式，教师是教学活动的中心，是教学活动的主导，是知识的灌输者，这种教学模式限制了学生学习主动性的发挥。人本主义的代表人物之一罗杰斯提出的"以学生为中心"的教学理论，与现代社会对人才的培养目标相适应，不仅对传统的教学理论发出了强力的挑战，也为教学改革提供了新的思路。

学生作为主体是由其能动性所决定的。认知心理学指出，认知的主体不是被动地接受刺激，其认知结构是内外因相互作用的产物，而且有一个逐渐构造的过程。学习是在旧知识的基础上构建新知识的过程，因此，要充分发挥学习的主体——学生的主体性。

"以学生为中心"的课堂教学是指教师在整个教学过程中的主导作用是现代教育的基本特征之一，教师按照既定的教学大纲和教学计划，运用一定的教学方法传授知识，培养学生的多项技能，在教学实践活动中起着不可动摇的主导作用。教师依然是课堂教学的教授者、评估者、监督者、指导者、管理者和信息提供者，同时还要教给学生怎样成为一个主动的学习者。

实施"以学生为中心"的课堂教学，教师和学生都必须转变观念。教师要树立为学生服务的意识，彻底改变以往仅传授知识的习惯，把教材内容和教授对象紧密结合起来，精心设计出课堂教学方案，通过"以学生为中心"的课堂教学实践，切实有效地完成教学任务。学生在学习过程中，也要改变旧的学习习惯，克服等待心理，树立学生自我学习的意识，积极主动地学习。

（二）"以学生为中心"的微生物学课堂教学初步探索

1. 转变教学思想

科技、经济、社会发展日新月异，国际的竞争日趋激烈，科学综合化、技术智能化、经济国际化、社会信息化已构成当今世界发展主要趋势。现代社会的这些特点，要求教师在教学思想上，必须注重学生素质的提高与创新精神和能力的培养，把传授知识与培养能力和提高素质有机地结合起来，造就一大批具有良好的思想道德素质、科学文化素质、身体心理素质，能适应经济、科技和社会发展的复合型人才。

2. 重构教学内容

在教学内容上，依据培养目标，既重视教材内容，又注意引导学生自学和实践探索。通过积极选用国内优秀教材、吸收国外教材的精华，在加强微生物学基础知识、基本理论学习的同时，通过专题讲座、教方法指引路径，引导学生课外自学、开展实验探索，培养学生的学习能力、探究意识和创新精神。

3. 采用新的教学手段和方法

由于教材内容的增加，新的科学进展需要补充，还要进行素质教育活动，教学学时又相对减少，采用多媒体教学，既是教学改革的需要，也可以增加信息量，解决教学时间的不足。在教学方法上不排斥传统教学法，但积极采用启发式、讨论式、探究式等新的教学方法。究竟采用哪种教学方法，依据教学目的和教学内容精心选择和设计。

4. 精心组织教学活动

坚持"以学生为中心"还应体现在课堂活动的安排上。通过开展课堂辩论会、课堂讨论、专题讲座、设计实验方案、课外科技活动、小论文写作和论文报告会等活动，把课堂教学与课外活动、传授知识与培养能力和提高素质有机地结合起来。为了解学生对这些教学活动的看法，在授课临结束时进行了相关的问卷调查。

第一，课堂辩论会在微生物学绪论教学开展中，为了激发学生的学习兴趣，以"微生物对人类利大于害还是害大于利"为题举办课堂辩论会，辩论会由学生组织，由学生担任评委，无论是从学生准备、辩论的现场效果，还是教学内容的完成来看，都超出原来预料。

第二，课堂讨论要培养学生的创造性思维和能力，教师就应提供让学生进行创造性思维的机会，开展课堂讨论正是训练学生思维的一个有效途径。教师除事先选好题目外，做好现场引导也很重要。

第三，专题讲座在教学中除讲授教材内容外，利用课堂或课后辅导时间，举办了"如何学好微生物学、微生物资源的开发利用、微生物学方法的进展、微生物学文献检索、科研工作的基本程序与方法以及微生物学论文写作"等专题讲座。

第四，设计实验方案通过课后作业、实验课预习等，要求学生设计实验方案，对哪些好的方案鼓励同学开展实验研究。

第五，课外科技活动把实验方案设计、课外科技活动同毕业论文联系起来，培养学生的创新精神和科学素养。

第六，小论文写作我们要求学生每学期至少写出一篇论文，论文内容由学生自己选择。

第七，论文报告会在每学期末，各班举办一场论文报告会，报告会由学生主持、学生担任评委并评选出优秀论文。

"以学生为中心"的课堂教学已经历了为期两年的试点班实验教学阶段。实践证明，新的教学模式激发了学生学习的主动性和积极性，有利于培养学生的创新精神和独立分析、解决问题的能力，不仅是可行的，也是比较成功的，来自教学管理多方的反映都是积极肯定的。根据学校的考试制度及鼓励进行考试多样化探索的有关规定，把改革的内容按 10% 计入考试总分已得到学校教务处的同意。

在微生物学教学改革方面，探索仅是初步的。由于教师教龄的差异以及学生专业性质的差异，还未进行实验班与对照班之间的比较研究。由于学生的学习时间紧，参加课外科技活动的积极性还不高。一种教学模式不可能十全十美，教学方法和教师职业素养的提高也不可能一步到位，全面提高教学水平还需要经历一个不断改革日趋完善的过程。

二、"以学生为中心"的微生物学课程教学改革与实践

微生物学是生命科学专业一门重要的专业基础课程，具有涉及范围

广、实践性强的特点。我们在微生物教学中，基于能力范式，"以学生为中心"，通过丰富教学内容和教学手段，完善实验教学内容和模式，改革考核评价方式，激发学生对知识、对学科的兴趣，培养学生的自主学习能力、实践能力、创新意识和能力，从而实现了"以教为主"向"以学为主"的转变和以"知识传授为主"向"能力培养为主"的转变，教学效果良好。

随着经济社会发展和产业升级，应用型人才培养是应用型大学转型的必然要求。要实现大学转型，最根本的是要实现与应用型人才培养相一致的高等教育范式的转换，即实现人才培养由传统的知识范式向能力范式的转换"。而课程则是高等学校的教育思想转化为现实的核心纽带，是高校人才培养的基础单元。进入 21 世纪以来，生命科学研究与生物技术发展突飞猛进，微生物学作为研究微生物在一定条件下的形态结构、生理生化、遗传变异和微生物的生态、进化、分类，及其与人类、动植物、自然界之间的相互作用等生命活动规律的一门学科，已经成为几乎所有生命科学相关学科研究的基础，在生物科学、生物技术及相关专业的学科设置中占据重要地位，这就要求微生物学教学要更加适应时代发展的要求和学科发展的需要。"以学生为中心"是一种基于能力范式的新的教学理念，是指以学生的学习和发展为中心，教学过程从"教师、课堂、教材"的教师"传授模式"向"学生、学习、学习过程"的学生"学习模式"转变，从而使学生的知识、能力和素质获得全面提升。在微生物课程教学中，开展"以学生为中心"的教法、学法、考法的课程教学改革，突出学生自主学习能力、实践动手能力、创新意识和能力的培养，通过几年的教学实践，取得了较为明显的成效。

（一）以学生为中心，丰富课堂教学内容和教学手段

课程教学看似简单，但它的实施却是涉及教师、学生、教材、教学技术手段、教育思想和教学管理等易受到社会环境影响的诸多环节的复杂系统工程。"以学生为中心"的教学过程首先要改变的是教师的授课方法及模式，在课堂教学中，通过理论联系实际、引入学科前沿知识，

丰富教学内容，运用启发式、讨论式、互动式、探究式等多种教学手段，提升课堂吸引力，鼓励学生突破"范式"，主动参与创新。

1. 及时引入学科前沿，启迪学生的创新思维

当今科学发展日新月异，在生命科学领域尤为突出。教师应随时注意收集微生物学的研究热点及前沿成果和技术，在讲课的过程中适时地穿插进去，使学生实时感受现代科学的发展。另外，也应要求学生自己查阅文献，了解当前微生物学领域研究热点和进展，使学生认识到微生物在解决热点问题中的作用，这对他们明确学习目的、激发科研兴趣、启迪创新性思维具有积极的作用。

2. 学生兼课，提升学生的自主学习能力

在微生物课程教学中，教师选取部分课程内容进行"学生兼课"的探索实践，采取小组为主的学习方式，即学生自由组建4～5人学习小组，每组推选1名组长，课堂学习由小组统一管理。任课教师以知识点为基本单位，将课程核心内容组合为若干模块。先由教师讲解各模块中的典型内容，再让学习小组讲解各模块中的其他内容。例如，在"微生物主要类群"模块中，任课教师先以细菌部分为授课样板，讲解课程重点，明确"学生授课"的具体任务，即消化教材知识，查阅课外书刊，精选上课内容，商定讲授重点，制作PPT，进行课堂讲解。各小组自主备课，推荐一位代表讲课，其他队员协助解答其他小组同学的提问，任课教师进行点评和总结。为了解决教学内容信息量大和课时相对较少的矛盾，教师可建立微生物学网络在线课程，学生可以自由登录网络课程平台观看和复习，同任课教师随时进行在线交流互动，并鼓励学生结合生活生产实际，自制多媒体课件，上传到课程QQ群进行展示，这有效调动了学生课下自主学习的积极性，大大提高了他们的学习效果。

3. 撰写课程报告，提高学生的创新能力

在课程学习中，教师引入了课程综述环节，具体安排包含以下几个方面：①查阅资料：在学习完微生物学课程的基础知识后，每个小组通过查阅资料初步确定综述的大致方向；②确定题目：任课教师根据教学

目标和要求，结合微生物相关领域的研究进展和各小组初步选定的方向，确定各小组的报告题目；③撰写论文：各小组根据题目查阅文献资料，撰写课程小论文并制作 PPT（期间可以及时在课堂上或 QQ 群与教师沟通）；④课堂答辩：每个小组 30 分钟的课堂讲述，其他小组提问，任课教师点评；⑤总结提高：根据课堂答辩讨论情况，各小组再查阅文献，修改完善，提交论文。从实施的过程看，学生课程报告的涉及面极广，覆盖微生物与工业、农业、医药与健康、环境保护、能源和国防等各个方面。在课堂报告和综述撰写的过程中，需要学生主动地去查阅文献资料，经过课程学习后，所有学生养成了使用数据库的习惯，使用数据库成为常态。通过课程论文撰写和答辩，还锻炼了学生应变交流和团队协作能力，培养了学生的创新意识和创新能力。教师根据论文写作和交流情况，充分了解了学生对所学知识的掌握情况，从而更有针对性的巩固重点、讲解难点，起到了"教学相长"的效果。

（二）以学生为中心，完善实验教学内容和模式

微生物学是一门实验性非常强的学科，充分利用实验室资源开展实验教学，在培养学生动手能力、探索精神、创新意识和创新能力方面起着至关重要的作用。微生物实验教学的目的有两点：一是巩固课堂讲授的理论知识，二是培养学生对微生物学的兴趣和感性认可掌握微生物学研究的基本技能。为此，教师应按照"强化基础训练、突出创新能力、提高综合素质"的原则，建立多层次的微生物实验教学体系，教学中采用基于微课的翻转课堂等多种教学方式进行授课，能够取得良好的教学效果。

1. 优化实验项目，夯实学生的基础实验技能

开设微生物学实验课程，应对原有的和新增的实验内容进行整合，构建新的科学性与应用性相结合的实验体系，既有助于学生全面系统掌握微生物实验的基本操作，又有助于激发学生的学习兴趣，培养学生的科学思维。

常规的基础性实验包括显微镜的使用及细菌基本形态的观察、细菌

的革兰氏染色、细菌的芽孢染色、酵母菌的质量鉴定、培养基的配制与灭菌等项目，通过这些实验，使学生在了解微生物、认识微生物、获取微生物和培养微生物的基础上，学会控制微生物的代谢活动，在实验中获得成就感和满足感；综合实验我们使用任务驱动教学法，以"任务为驱动、教师为主导、学生为主体"，每个学习小组自主设计实验检测土壤中细菌、放线菌和霉菌的数量和种类，制定详细的实验计划发布到QQ群中，并在课堂上讲解，师生共同分析存在的问题后完善并确定实验方案；在实验过程中遇到的问题，学生可以通过课堂集中答疑、QQ群等方式得到及时解决；实验结束后，学生撰写综合实验报告，并提交鉴定图片和纯化的菌株。这个综合性实验实施过程中，学生不但巩固和强化了培养基制备、高压蒸汽灭菌、无菌操作、微生物分离纯化、菌种保藏、革兰氏染色和油镜观察等微生物所有的基本实验操作技术，还培养了学生的文献查阅能力、综合分析和解决实际问题的能力。由于微生物学实验具有一定的连续性，在实验室管理上，实施对学生全面开放的制度，不仅为学生提供了一个能够自主学习、自主设计实验项目的宽松环境，提高了实验设备的共享程度和使用效率，也反过来促使教师创新实验室管理模式，提高实验室管理水平。

2. 翻转课堂，强化学生的自主动手能力

在实验教学方式上，教师可开展基于微课的翻转课堂实践，主设计、拍摄、制作"微生物学实验"微课，建成微生物学实验网络课程，通过本校网络教学综合平台向学生发布。课前，学生先根据教师发布的学习任务清单，预习教学内容，重点观看微课视频，看清楚、看明白教师规范的操作演示；课上，学生利用器皿反复模仿、演练，直至熟练掌握操作要领后再进行正式的操作实践，这样就节省了传统实验课上用于讲解实验原理和操作步骤的时间，教师除了对操作的关键环节和少数能力较弱的学生进行重点指导和重点提问外，不再是课堂的主导者。实践证明，学生对实验原理和实验步骤的理解掌握并没有多大问题，真正的学习难点就是实验操作，通过增加动手实践机会，夯实了实验技能，减

少了实验重复次数，提高了一次性实验成功率；课后，学生再进行实验总结与反思，并把实验结果和总结，上传到课程 QQ 群，让学生互评、教师点评，帮助他们进一步把所学知识和技能融会贯通，夯实学习效果。通过基于微课的翻转课堂实践，使学生成为实验课堂主体，激发了学生学习的主动性，提升了学生的创新意识和实践能力。

3. 开展大学生科研训练，着力增强学生的科研创新意识和能力

经过课程学习后，大部分学生对微生物学产生了浓厚的兴趣，部分学有余力的学生积极申请参加本学科教师的科研课题，并按照"兴趣驱动、自主实践、重在过程"的原则，自主申报创新创业训练项目，诸如"聚乳酸降解菌株的选育和降解酶性能研究""一种新型泡菜发酵用乳杆菌的筛选及发酵条件优化""养殖污水的微生物处理""酵母不同转化方法的探索""酵母菌生长曲线测定方法的探索""窖泥中己酸菌的分离纯化及鉴定""高效降解亚硝酸盐的乳酸菌筛选及高密度发酵研究"等项目均获得了国家级和校级大学生创新创业项目立项。为保证学生创新创业项目取得实效，高校应高度重视项目的过程化管理，定期组织开展阶段性检查、结题验收、公开答辩。各个环节的直接参与，激发学生的学习热情，使学生真正在项目研究过程中有所锻炼、有所收获，极大程序开发了学生的创造性思维和能力。

(三) 以学生为中心，改革考核方式

过去简单地以考核学生对知识的记忆、对问题的解答这种静态的考核方式显然与"以学生为中心"的能力范式培养内容、教学方法不相适应。为全面检查学生的学习效果，对微生物学考试考核内容和方式进行了改革，建立了多元考核方式，探索非标准答案考试，加大对学生运用所学知识分析、解决问题的能力和创新思维的考察。微生物学理论课的成绩由两部分组成：平时成绩 50%，期末考试成绩 50%。平时成绩由"平时学习"和"课程报告"两部分组成，"平时学习"包括考勤、学习笔记、作业、学习交流、申请大学生科研创新项目等；"课程报告"包

括论文基本分、PPT 答辩情况和小组成员提问回答问题情况等。在期末考试中，减少了记忆性内容考核，减少了客观题题目数量，增加了主观性试题类型和数量，题目全部由实际研究工作中可能遇到的问题组成，题目的正确答案，也不是唯一，只要能够解决问题就可以，从而考查学生知识迁移能力和分析问题、解决问题的能力。微生物学实验课的成绩也由两部分组成：平时成绩 70%，操作考核 30%，其中平时成绩又包括常规试验和综合实验，考核重点为实验过程，包括实验方案、操作、对实验现象和结果的分析和讨论等。操作考核统一考核内容，以采取包含较多微生物基本操作技术的革兰氏染色作为动手能力的评价依据，统一评分标准，使考试的信度和效度大大增加。几年的实践结果表明，学生一致反映新的课程评价考核内容和方式，有助于他们明确学习任务和目标，从而根据个人兴趣爱好，进行有针对性的预习、复习和课外阅读，全面提高学习效果。

三、以学生为中心的教学模式实施效果评价

教学改革成功与否的标准是学生是否接受和教学目标是否达到。为此，从学生对教学模式的接受情况、对考核方式的认可情况和教学效果三个方面，对近三年的学生通过座谈、问卷等形式进行了调查。调查结果表明，学生对这种教学模式的接受度较高，96% 的学生表示乐于接受这种教学模式，认为小组为主的学习方式更有利于他们展现自我，师生关系更融洽、课堂气氛更活跃，认为翻转课堂实践更有利于他们主动参与到实验过程，更有利于掌握操作要点。

教学改革的实践证明，在微生物课程中坚持"以学生为中心"的教学理念，创造了有利于学生主动求知的学习环境，培养了学生创新意识和能力，实现了"以教为主"向"以学为主"的转变和以"知识传授为主"向"能力培养为主"的转变，学生的自主学习能力、实践动手能力、创新意识和能力明显提高，学生团队产出了一批高质量的调研报告、学术论文、发明专利等优秀成果，并在各类生物学相关的大学生创

新创业大赛、学科竞赛中取得了佳绩，相关专业毕业生历年就业率一直保持在 95％以上，许多毕业生到单位后迅速成为技术骨干，受到用人单位的好评。

第六节　基于多种教学法视角的微生物学课堂教学

微生物学是一门以独特技术研究微小生物的学科，就课程本身特点而言，内容繁杂枯燥，逻辑性相对较差，而学生专业基础相对薄弱。面对这种情况，教师如何把握专业特色，改进教学方法，优化微生物学教学，是摆在我们面前的迫切任务。

由于微生物个体微小，肉眼难以观察，使得微生物的形态是理论课程教学的重点和难点。研究微生物离不开显微镜，而在使用传统教学方法的课堂上观察微生物的方法只能通过照片；研究微生物的生理、遗传等微观世界的内容时，只能借助一些挂图或推理，很多东西需要靠想象来理解；因此学生课堂吸收率较低，需要花费较多的课外时间来消化课堂上的内容。

适当的教学方法有助于充分调动学生的积极性、主动性，让学生充分理解教学内容，达到理想的教学效果。

一、多媒体辅助教学法

多媒体的出现和在教育领域中的应用，使得课堂教学模式得到改变，提供了一种更为直观的手段，扩大了视野，增强了教学的直观性，使得原来靠想象理解的东西变得一目了然，实际上降低了课程内容理解上的难度，提高了学生的课堂吸收率；还可以增加课上的信息量，提高课时利用率。多媒体辅助教学所造成的集文字、图像、动画、声音于一体的教学环境，使学生仿佛置身于奇妙生动的微观世界，充分调动了学生多方面的感官机能，提高了对课程的兴趣，有效地提高了学习效果。例如，在"病毒增殖"章节，将病毒的增殖过程以 FLASH 动画的形式生动地展现出来，通过短短几分钟观看动画的过程，学生对病毒有了全面直观的认识，既掌握了病毒的形态、结构、组成，又掌握了病毒的增殖过程等，达到了理想的教学效果。而且，多媒体教学重复性好、利用率高，帮助学生复习巩固所学知识，既减少了经费开支，又大大地减少了教师的重复劳动，使教师有更多的时间和精力提高业务。

二、互动式教学法

互动式教学方法是指利用讨论、研讨、小组合作、案例分析等方式，鼓励学生积极参与，共同掌握知识和技能。在微生物学教学中，互动式教学方法的应用也越来越普遍。这种教学方式的优点在于能促进学生积极思考，增强学生的参与感，提高学习效果。同时，学生之间的交流也有助于拓宽他们的视野，丰富知识。

三、问题式教学法

问题式教学方法是指通过提出问题来引导学生学习和探究知识。在微生物学教学中，问题式教学方法的应用也比较广泛。这种教学方式的优点在于能够激发学生的好奇心和求知欲，使学生更加主动地掌握知识和技能。同时，问题式教学方法也有助于培养学生批判性思维和解决问题的能力。

四、案例教学法

案例教学法是围绕一定学习目标把实际中真实的情景加以典型化处理，形成案例，通过独立思考、分析和相互讨论的方式提高学生的自主学习能力的一种方法。案例可来自专业书籍、报刊、网络、新闻报道等多种信息渠道。如教师介绍"微生物在实际中的应用"这一章节时可设计案例：厨房必备的调味品，酱油、醋等的由来；不时爆发的高致病性禽流感以及相应疫苗的问世，让学生认识到微生物给人类生活带来的巨大益处及破坏性，是一把十分锋利的双刃剑，增强学生改造利用微生物的意识。

五、环式教学法

环式教学法是把知识点由点连成线，变成一个具有逻辑性的整体知识体系进行讲授。比如，以微生物合成代谢和分解代谢为两个环，辅之以物质代谢和能量代谢两个环，环环相扣的环式教学法。该教学方法逻辑性强，可以启发学生联系已学过的能量的产生与释放、物质的合成与分解，并提出如何做好食物的摄入与排出，便于学生理解和掌握。

六、归纳对比式教学法

微生物学知识点较多而凌乱，有许多易混淆的知识点，如革兰氏阳性菌和革兰氏阴性菌细胞壁的特点，四大类菌的菌落特征等。对这些知识点的讲解需要对其进行归纳对比，比较异同，这样才能使知识层次更加清晰，便于学生抓住重点，帮助学生复习与巩固。

七、启发式教学法

运用启发式教学法，可激发学生学习兴趣、强化学生对所学知识的记忆和培养学生的创新精神。如在讲解革兰氏染色的原理时，先告诉同学通过染色后，菌被分成了两类：呈现紫色的革兰氏阳性菌和呈现红色的革兰氏阴性菌，学生会思考为什么会出现这样的结果，此时教师并不急于回答，而是接着讲细胞壁的构造，引导学生自己从中找到答案。这样可使学生学会融会贯通前后所学的知识，并且准确掌握了"革兰氏染色的原理"这一知识点。通过启发式教学，激发学生思维，使学生摆脱课堂知识的枯燥乏味，提高知识的可接受程度。

八、"热点问题"教学法

热点问题是媒体报道最多，也是大家最关心、最深入人心的问题。

对于那些与微生物有关的热点问题，教师如能"趁热打铁"，则可引导学生用已知的信息建立联系，获得知识。如禽流感流行时，在讲到"病毒"章节时，先简单描述禽流感的流行概况，此时学生会表现出兴趣浓厚、互相交流，接着进一步提出问题让大家思索和讨论：禽流感的病原体是什么，此次流行的型别是什么，H 和 N 都是什么含义，针对禽流感采取什么措施等，这样就造成了一种互动的教学情境，既可使学生有目的地去学习，又可活跃气氛，调动思维，教学效果事半功倍。

又如，讲到"伴孢晶体"时，可简单说明现在环境污染的状况和"生物农药"，这样可以很好地吸引学生的注意力，激发他们学习的兴趣，以此作为切入点，进行新知识点的讲解。

结合热点问题进行教学，因图片丰富、内容详尽、紧密联系社会生活而深受学生欢迎，这种授课方式，既可使学生深刻理解并掌握知识，又可使学生受到教育。

九、实验教学与课程相配套教学法

在实验内容的安排上，注重基础性和实用性，既要满足教学大纲的要求，使学生掌握微生物的基本实验操作技能，又要联系生产实际，让学生了解实际过程中的微生物的种类、分布、作用以及研究方法等，从而培养学生的独立操作能力。为了保证实验的上课质量，达到预期目的，学生的实验课采取分小组的形式进行，通常是 2 人为一小组，10人为一大组进行，保证人人有全过程动手操作的机会。实验课时教师应告诉学生，如果制作的成片很优秀，可被拍摄保存下来，并将引用到下一届学生理论课的多媒体课件里，大大激发了学生的兴趣。

在课外，学生通过参观等社会实践活动和半开放实验室，参与有关微生物的研究课题，全面了解微生物的研究过程和方法，做到理论联系实际，以培养他们独立的科研能力。

另外，教师应多对学生进行鼓励与肯定，培养学生自信，激发学习兴趣。在整个教学过程中，鼓励学生从多方面获取最新的微生物发展动态，包括从网络咨询，并与教师进行讨论等。这种做法在提高学生学习动力、培养学生自信等方面成效显著。

第三章　微生物与人类关系教学

第一节　微生物与人类关系基础知识及重点知识梳理

一、微生物的概念

微生物是指大量的、极其多样的、不借助显微镜看不见的微小生物类群的总称。这类微生物包括病毒、亚病毒、具原核细胞结构的真细菌、古生菌以及具真核细胞结构的真菌、原生动物和单细胞藻类。

当然也有许多微生物是肉眼可见的，如许多真菌的子实体、蘑菇等常肉眼可见；某些藻类能生长几米长。一般来说微生物可以认为是相当简单的生物，大多数的细菌、原生动物、某些藻类和真菌是单细胞的微生物，即使为多细胞的微生物，也没有许多的细胞类型。病毒甚至没有细胞，只有蛋白质外壳包围着的遗传物质，且不能独立存活。

二、人类对微生物世界的认识史

（一）微生物学发展史

（1）史前期（8000 年前～1676 年）；

（2）初创期（1676 年～1861 年）；

（3）奠基期（1861 年～1897 年）；

（4）发展期（1897 年～1953 年）；

（5）成熟期（1953 年～至今）。·

（二）著名微生物学家的主要贡献

1. 巴斯德

巴斯德是法国微生物学家、化学家，近代微生物学的奠基人；微生物学之父。巴斯德的主要贡献是提出了生命只能来自生命的胚种学说，并认为只有活的微生物才是传染病、发酵和腐败的真正原因，再加上建立了一系列的消毒灭菌方法，为微生物学的发展奠定了坚实的基础。总结如下：

（1）彻底否定了"自生说"学说；

（2）发现传染病的根源及防治办法——预防接种；

（3）证实发酵是由微生物引起的；

（4）灭菌消毒方法的建立。

2. 柯赫

柯赫建立了研究微生物的一系列重要方法，尤其在分离微生物纯种方面，他们把早年在马铃薯块上的固体培养技术改进为明胶平板培养技术，并进而提高到琼脂平板培养技术。在 1881 年前后，科赫及其助手们还创立了许多显微镜技术，包括细菌鞭毛染色在内的许多染色方法、悬滴培养法以及显微摄影技术。利用平板分离方法寻找并分离到多种传染病的病原菌，例如，炭疽病菌、结核分枝杆菌、链球菌和霍乱弧菌等。

在理论上，柯赫于 1884 年提出了柯赫法则，其主要内容为：

①病原微生物总是在患传染病的动物中发现而不存在于健康个体中；

②这一微生物可以离开动物体，并被培养为纯种培养物；

③这种纯培养物接种到敏感动物体后，应当出现特有的病症；

④该微生物可以从患病的实验动物中重新分离出来，并可在实验室中再次培养，此后它仍然应该与原始病原微生物相同。

三、微生物学的发展促进了人类的进步

在现代科学中，微生物学对人类健康关系最大、贡献最为突出。微生物学从建立之初就与人类和动物传染病的防治产生了不解之缘，接着与酿造学、植物病理学、土壤学、药物学和环境科学等密切结合，建立了一个又一个应用分支学科，为人类社会的进步和发展作出了自己的贡献。

第一，通过医疗保健战线上的"六大战役"，即外科消毒手术的建立，寻找人畜重大传染病的病原菌，免疫防治法的发明和广泛应用，磺胺等化学治疗剂的普及，抗生素的大规模生产和推广，以及近年来利用工程菌生产多肽类生化药物等，使原先猖獗的细菌性传染病得到了较好的控制，天花等烈性传染病已彻底绝迹，人类的健康水平大幅度提高，平均寿命约提高了 25 岁。

第二，在微生物与工业发展的关系上，通过食品罐藏防腐、酿造技术的改造、纯种厌氧发酵的建立、液体深层通气搅拌大规模培养技术的创建以及代谢调控发酵技术的发明，使得古老的酿造技术迅速发展成工业发酵新技术；接着，又在遗传工程等高新技术的推动下，进一步发生质的飞跃，发展为发酵工程，并与遗传工程、细胞工程、酶工程和生物反应器工程一起，共同组成当代的一个高技术学科——生物工程学。

第三，微生物在当代农业生产中具有十分显著的作用。新世纪的农业是知识经济的一个重要组成部分，它以高科技为依托，走可持续发展的道路，搞大农业（含农、林、牧、副、渔）、生态农业和工厂化的农业，因而是高科技、高产量、高效益、低投入和无废弃物的农业，它兼有高经济效益、高社会效益和高生态效益的特点。其中，微生物的作用极其重要却最易被忽略，例如，以菌治害虫和以菌治植病的生物防治技术；以菌增肥效和以菌促生长（如赤霉菌产生的赤霉素等）的微生物增产技术；以菌作饲（饵）料和以菌当蔬菜（各种食用菌）的单细胞蛋白和食用菌生产技术；以及以菌产沼气等生物能源技术；等等。

第四，微生物与环境保护的关系越来越受到当前全人类广泛的重视。人类自工业革命尤其是 20 世纪以来，由于过分破坏和掠夺大自然，而导致生态环境的严重恶化。因而许多有识之士认为，未来的世纪是人类向大自然偿还生态债的世纪，其中，微生物学工作者的作用至关重要。这是因为微生物是占地球面积 70％以上的海洋和其他水体中光合生产力的基础，是一切食物链的重要环节；是污水处理中的关键角色；是生态农业中最重要的一环；是自然界重要元架循环的首要推动者；是环境污染和监测的重要指示生物。

第五，微生物对生命科学基础理论研究的重大贡献。微生物由于其"五大共性"加上培养条件简便，因此是生命科学工作者在研究基础理论问题时最乐于选用的研究对象。历史上自然发生说的否定，糖酵解机制的认识，基因与酶关系的发现，突变本质的阐明，核酸是一切生物遗传变异的物质基（DNA 聚合酶链反应）技术的建立，真核细胞内共生学说的提出，以及近年来生物三域理论的创建等，都是因选用微生物作为研究对象而结出的硕果。

四、微生物学及其分科

微生物学是一门在细胞、分子或群体水平上研究微生物的形态构造、生理代谢、遗传变异、生态分布和分类进化等生命活动基本规律，并将其应用于工业发酵、医药卫生、生物工程和环境保护等实践领域的科学，其根本任务是发掘、利用、改善和保护有益微生物，控制、消灭或改造有害微生物，为人类社会的进步服务。

微生物学经历了一个多世纪的发展，已分化出大量的分支学科，据不完全统计已达 181 门之多，现根据其性质简单归纳成下列六类：

第一类是按研究微生物的基本生命活动规律为目的来分，总学科称普通微生物学，分科如微生物分类学、微生物生理学、微生物遗传学、微生物生态学和分子微生物学等。

第二类是按微生物应用领域来分，总学科称应用微生物学，分科如工业微生物学、农业微生物学、医学微生物学、药用微生物学、诊断微生物学、抗生素学、食品微生物学等。

第三类是按研究的微生物对象分，如细菌学、真菌学（菌物学）、病毒学、原核生物学、自养菌生物学和厌氧菌生物学等。

第四类是按微生物所处的生态环境分，如土壤微生物学、微生态学、海洋微生物学、环境微生物学、水微生物学和宇宙微生物学等。

第五类是按学科间的交叉、融合分，如化学微生物学、分析微生物学，微生物生物工程学，微生物化学分类学、微生物数值分类学、微生物地球化学和微生物信息学等。

第六类是按实验方法、技术分，如实验微生物学、微生物研究方法等。

第二节　课程思政教学设计

一、教学整体设计

（一）教学目的及要求

微生物学是生命科学的一个领域，能够让学生了解什么是微生物，微生物学的发展、微生物的共性，微生物学的研究意义，激发学生学习的兴趣，以便学生深入学习，研究微生物。

（二）教学内容及重难点

重点是了解微生物的概念、特点以及在自然界物质代谢中的作用，了解微生物学不同发展时期及其代表人物、事例与人类的关系，了解学习微生物学的目的、任务，掌握其学习的方法，掌握微生物的概念及一般特性。

（三）教学方法

多媒体教学＋翻转课堂讨论。

（四）教学过程设计

1．导入

从学生身边的宏观世界，引导学生走进微生物世界，并激发他们的兴趣。

（1）微生物的概念（举例法）。

（2）人类对微生物世界的认识过程（举例法、图示法）。

（3）微生物学的发展促进了人类的进步（举例法、图示法）。

学生分成小组讨论：日常生活中常见的微生物，微生物"利与弊"的现象，认识微生物的过程中的著名科学家及相关事例。

2．微生物学极其分科

运用举例法与图表法给出学生介绍相应的参考书目及一些网络或书籍等辅助资料，提出本课程学习目标任务与基本要求；小结本章内容，指出重点、难点、布置课后查询资料。

思政切入点：强化历史责任感与社会责任感；事物是相互联系、变化发展的；认识事物的过程是从表面到本质等。

思政元素：

（1）微生物发展史中著名的人物及事件，树立科学的世界观、价值观、人生观；（讲述与微生物有关的诺贝尔奖）。

（2）科学是一个不断探索的过程。

（3）科学没有国界，但科学家有自己的祖国，（爱国情怀）科学家的情怀与精神。

（4）强化历史责任感与社会责任感（讲述推动人类进步的抗生素的发现及发展历程）。

（5）事物是相互联系、变化发展的（人类肠道微生物与人体的关系）。

二、思政重点人物介绍

育人、全方位育人"努力开创我国高等教育事业发展新局面已成为高校思政教育的指路明灯。

课程思政内涵是在所有的课程教学中将知识传授与价值引导有机统一，提炼出课程中蕴含的爱国情怀、社会责任、文化自信、人文精神等价值范式，使学生在认知、情感和行为方面有正确的方向。

微生物与人类关系这部分内容，主要介绍微生物学的发展历程及一些重要的人物，这些人物在人类历史的进步发展中作出了重大的贡献，并对与微生物相关的诺贝尔奖进行举例。

（一）保罗·埃尔利希

保罗·埃尔利希是一位德国科学家，曾经获得 1908 年的诺贝尔生理学或医学奖。保罗·埃尔利希作为化学疗法的先驱，是科学史上罕见的奇才，他是有机化学家、组织学家、免疫学家和药物学家。他在组织和细胞的化学染色方面进行了开创性的研究；他是白喉抗毒素标准化的权威，提出了抗体形成的"侧链"理论，1908 年获诺贝尔生理与医学奖；他发明的驱梅特效药"606"及其改进剂"914"，为千千万万的梅毒患者解除了痛苦，他被看成医学的救星，1912 年和 1913 年又两度获诺贝尔化学奖提名。

（二）亚历山大·弗莱明

亚历山大·弗莱明是英国细菌学家、生物化学家、微生物学家，他于 1923 年发现溶菌酶，1928 年首先发现了青霉素。在美国学者麦克·哈特所著的《影响人类历史进程的 100 名人排行榜》中，弗莱明位列第 45 名。青霉素是世界上第一个广谱抗生素，对治疗多种感染疾病起到了革命性的作用，1945 年，亚历山大·弗莱明以及他的同事霍华德·弗洛里和恩斯特·鲁斯卡共同获得诺贝尔生理学或医学奖，以表彰他们在发现青霉素的研究中的突破。

（三）罗伯特·霍尔利

1968 年，美国科学家罗伯特·霍尔利以及他的同事哈罗德·尼伦伯格和马歇尔·沃纳贝格共同获得诺贝尔生理学或医学奖，以表彰他们在解码 DNA 密码子方面的突破性贡献。他们的研究揭示了 DNA 中的密码子与特定氨基酸之间的关系，为后续的基因研究和遗传工程奠定了基础。在 1961 年，他们通过研究细菌中的 RNA 分子，发现了第一个密码子 "UUU" 对应着氨基酸苏氨酸。这项发现打破了密码子的秘密，为后续的研究奠定了基础。马歇尔·沃纳贝格继续在密码子破译的研究中作出了重要贡献，他通过识别具有特定密码子的 RNA 分子，并将其与特定的氨基酸结合，揭示了更多密码子与氨基酸之间的关系。他的研究不仅加深了对密码子的理解，还为后续的基因工程和生命科学研究提供了重要的基础，密码子对应氨基酸的破译是科学家们利用原核生物——大肠杆菌实现的。

第三节　翻转课堂教学设计

一、翻转课堂介绍

翻转课堂是一种以学生为主导的教学模式，它将传统的课堂教学方式颠覆，让学生在课前预习学习内容，而将课堂时间用于深入探讨和巩固知识。

在翻转课堂中，教师首先需要设定明确的教学目标。在传统课堂中，学生通常在课堂上被动接受知识。而在翻转课堂中，学生将在课前通过教材、视频、在线资源等进行预习。在预习阶段，学生可以根据自己的学习进度和理解程度进行自主学习，为课堂探究做好准备。在翻转课堂上，教师是学生学习的指导者和促进者，教师可以组织学生进行小组讨论、问题解答和实践活动，引导学生在合作中互相学习和分享，激发他们的思维和创造力。在课堂探究之后，教师可以安排一些巩固和扩展的学习任务，以帮助学生进一步巩固所学的知识。这可以包括课后作业、项目研究或者其他形式的学习任务，让学生有机会运用所学的知识进行实践和应用。

翻转课堂的教学设计将学生置于学习的中心，提供了更多的学习机会和自主学习的空间。通过预习和课堂探究的结合，学生可以在课堂上进行更深入的思考和探索，提高他们的学习效果和自主学习能力。然而，翻转课堂的实施需要教师具备良好的教学组织和指导能力，以及学生对自主学习和合作学习的积极态度。教师应该进一步研究翻转课堂的教学模式，探索更有效的教学方法和策略，为学生提供更优质的教育。

二、课堂设计

（1）学生分小组分别对微生物的发展史、微生物涉及的名人名事等内容进行讲解。

（2）学生与教师共同讨论以上问题，老师对各部分内容进行总结及延伸内容讲解。

（3）布置课后作业。

①什么是微生物？它包括哪些群落？

②试述微生物与当代人类实践的重要关系。

③谈谈大家心里最敬佩的微生物学家的故事及感受。

学生通过网络资源查找世界、中国著名的微生物学家的相关事迹以及与诺贝尔奖相关的微生物研究，被科学家的无畏、无私的奉献精神鼓舞，同时面对当前流行病毒，更加坚定的学习微生物学的信心，学生对微生物学产生了浓厚的兴趣，与此同时，教师还应要求学生做好微生物学的笔记，定期检查相关记录。

第四章　原核微生物的形态、构造和功能教学

第一节　原核微生物基础知识及重点知识梳理

一、细菌

（一）细菌的形态构造及其功能

细菌是一类细胞细短，直径约 $0.5~\mu m$，长度约 $0.5 \sim 5~\mu m$，结构简单，胞壁坚韧，多以二分裂方式繁殖和水生性较强的原核生物，广泛存在于人体内外部及四周环境中，对人类社会产生各种影响，在科研上有广泛作用。

1. 形态与染色

（1）基本外形

细菌的基本外形是球状球菌；杆状杆菌；螺旋状螺旋菌。

①球菌：球形或近球形，根据空间排列方式不同又分为单、双、链、四联、八叠、葡萄球菌。不同的排列方式是由于细胞分裂方向及分裂后情况不同造成的。细胞呈球状或椭圆形。根据这些细胞分裂产生的新细胞所保持的一定空间排列方式有以下几种情形：单球菌——尿素微球菌；双球菌——肺炎双球菌；链球菌——溶血性链球菌；四联球菌——四联微球菌；八叠球菌——尿素八叠球菌；葡萄球菌——金黄色葡萄球菌。

②杆菌：杆状或圆柱形，径长比不同，短粗或细长，是细菌中种类

最多的。

③螺旋菌：螺旋状的细菌统称为螺旋菌。螺旋不足一环者则称为狐菌，满 2-6 环的小型、坚硬的螺旋状细菌可称为螺菌，而旋转周数多（通常超过 6 环）、体长而柔软的螺旋状细菌则专称螺旋体。细菌形态不是一成不变的，受环境条件影响（如温度、培养基浓度及组成、菌龄等）。一般幼龄生长条件适宜，形状正常、整齐；老龄不正常，异常形态；由于理化因素刺激，阻碍细胞发育引起畸形。结合自身的科研结果，在粘着红球菌的新物种鉴定过程中，扫描电镜所出现的一些"怪现象"，展示菌株的电镜照片展示，讲述这类特殊的微生物的形态会因为培养时间的不同，呈现出不同的特征，加深学生对于此部分知识的认知。

（2）细菌染色法

由于细菌细胞既小又透明，故一般先要经过染色才能作显微镜观察。

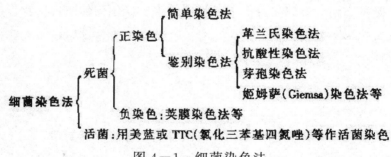

图 4－1　细菌染色法

在上述各种染色法中，以革兰氏染色法最为重要。各种细菌经革兰氏染色法染色后，能区分成两大类，一类最终染成紫色，称革兰氏阳性细菌，另一类被染成红色，称革兰氏阴性细菌。

2. 细菌的大小

细菌大小的度量单位为 m 为单位。球菌一般以直径来表示（0.5～1 m）。杆菌和螺旋菌则以长和宽来表示，如 12.5 m，杆菌直径 0.5～1 m，长为直径的几倍，螺旋菌直径 0.3～1 m，长 1～50 m。

细菌大小的测定：在显微镜下使用显微测微尺测定。同一个细菌大小也不是一成不变的。不同细菌大小相差也巨大。1997 年，德国等国科学家发现了一种迄今为止的最大细菌——纳米比亚嗜硫珠菌，直径为 0.32～1.00 mm，肉眼清楚可见。

细菌的重量：每个细菌细胞重量 $10^{-13} \sim 10^{-12}$ g ，大约 10^9 个 E. coli 细胞才达 1 mg 重。

（二）细菌的细胞构造

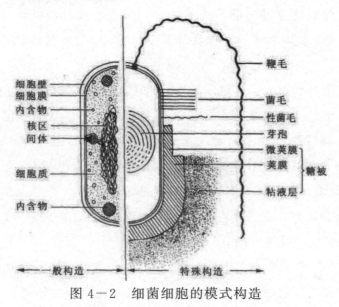

图 4－2 细菌细胞的模式构造

1. 细菌细胞的一般构造

（1）细胞壁

①概念：细胞壁是细胞质膜外面的一层厚实、韧性的外被，主要成分为肽聚糖，具有固定细胞外形和保护细胞不受损伤等多种生理功能。通过染色、质壁分离或制成原生质体后再在光镜下观察，均可证实细胞壁的存在；用电镜直接观察细菌的超薄切片，可以更清楚地观察到细胞壁。

②细胞壁的主要功能：固定细胞外形和提高机械强度，使其免受渗透压等外力的损伤；为细胞的生长、分裂和鞭毛运动所必需；阻拦大分

子有害物质（某些抗生剂和水解酶）进入细胞；赋予细菌特定的抗原性以及对抗生素和噬菌体的敏感性。

1）G$^+$细菌的细胞壁

厚度大（20～80 nm）和化学组分简单（90%肽聚糖和10%磷壁酸）。

肽聚糖又称粘肽、胞壁质或黏质复合物，是真细菌细胞壁中的特有成分。肽聚糖分子由肽和聚糖两部分组成，其中肽包括四肽尾和肽桥两种，而聚糖则是由 N-乙酰葡糖胺和 N-乙酰胞壁酸两种单糖相互间隔连接成的长链，这种肽聚糖网格状分子交织成一个致密的网套覆盖在整个细胞上。

看似十分复杂的肽聚糖分子，若把它基本组成单位剖析一下，就显得很简单了。每一肽聚糖单体由3部分组成：一是双糖单位：由一个 N-乙酰葡糖胺通过 β-1，4-糖苷键与另一个 N-乙酰胞壁酸相连。这个β-1，4-糖苷键很易被溶菌酶所水解，从而导致细菌因细胞壁肽聚糖的"散架"而死亡。二是四肽尾（或四肽侧链）：是由4个氨基酸分子按 L 型与 D 型交替方式连接而成，其中2种 D 型氨基酸一般仅在细菌细胞壁上见到。三是肽桥（或肽间桥）。

磷壁酸是结合在 G$^+$细菌细胞壁上的一种酸性多糖，主要成分为甘油磷酸或核糖醇磷酸。磷壁酸包括两类：与肽聚糖分子进行共价键合的，称壁磷壁酸，其含量会随培养基成分而改变；跨越肽聚糖层并与细胞膜相交联的，称为膜磷壁酸或脂磷壁酸。

磷壁酸的主要生理功能：一是通过分子上的大量负电荷浓缩细胞周围的 Mg^{2+}，以提高细胞膜上一些合成酶的活力；二是贮藏元素；三是调节细胞内自溶素的活力，借以防止细胞因自溶而死亡；四是作为噬菌体的特异性吸附受体；五是赋予 G$^+$细菌特异的表面抗原，因而可用于菌种鉴定；六是增强某些致病菌（如 A 族链球菌）对宿主细胞的粘连，避免被白细胞吞噬，并有抗补体的作用。

磷壁酸有5种类型，主要为甘油磷壁酸和核糖醇磷壁酸这两类。

2）G⁻细菌的细胞壁

厚度薄，层次较多，成分较复杂，肽聚糖层很薄，仅2～3 nm，故机械强度弱。其肽聚糖层埋藏在外膜脂多糖层内，与G⁺细菌差别在于：①四肽尾的第三个氨基酸分子由内消旋二氨基庚二酸所代替；②没有特殊的肽桥，前后两单体间的连接仅通过甲四肽尾的第四个氨基酸的羧基与乙四肽尾的第三个氨基酸的氨基直接相连，因而只形成较稀疏、机械强度较差的肽聚糖网套。

外膜又称"外壁"，是G⁻细菌细胞壁所特有的结构，它位于壁的最外层，化学成分为脂多糖、磷脂和若干种外膜蛋白。①脂多糖是位于G⁻细菌细胞壁最外层的一层较厚，8～10 nm的类脂多糖类物质，由类脂A、核心多糖和O-特异侧链3部分组成；外膜具有控制细胞的透性、提高Mg^{2+}浓度、决定细胞壁抗原多样性等作用，因而可用于传染病的诊断和病原的地理定位，其中的类脂A更是G⁻病原菌致病物质内毒素的物质基础；②外膜蛋白指嵌合在LPS和磷脂层外膜上的20余种蛋白，多数功能还不清楚。其中的脂蛋白具有使外膜层与内壁肽聚糖层紧密连接的功能；另有一类中间有孔道、可控制某些物质（如抗生素等）进入外膜的三聚体跨膜蛋白，称孔蛋白，有特异性与非特异性两种。

在G⁻细菌中，其外膜与细胞膜间的狭窄胶质空间，约12～15 nm称周质空间，其中存在着多种周质蛋白，包括水解酶类、合成酶类和运输蛋白等。G⁺和G⁻细菌的细胞壁结构和成分间的显著差别不仅反映在染色反应上，更反映在一系列形态构造、化学组分、生理生化和致病性等的差别。

3）古生菌的细胞壁

古生菌又称古细菌或称古菌，是一个在进化途径上很早就与真细菌和真核生物相互独立的生物类群，主要包括一些独特生态类型的原核生物，如产甲烷菌及大多数嗜极菌，包括极端嗜盐菌、极端嗜热菌和热原体属，无细胞壁。

真细菌与古生菌的化学成分差别甚大。据已被研究过的一些古生菌来看，其细胞壁中都不含真正的肽聚糖，而含假肽聚糖、糖蛋白或蛋白质。假肽聚糖的多糖骨架是由 N-乙酰葡糖胺和 N-乙酰塔罗糖胺糖醛酸以 β-1，4-糖苷键（不被溶菌酶水解）交替连接而成，连在后一氨基糖上的肽尾由 L-GLu、L-Ala 和 L-Lys3 个 L 型氨基酸组成，肽桥则由 L-GLu 1 个氨基酸组成。

4）缺壁细菌

① L 型细菌：严格地说，L 型细菌应专指那些实验室或宿主体内通过自发突变而形成的遗传性稳定的细胞壁缺损菌株。无完整细胞壁，在固体培养基表面形成油煎蛋状小菌落。

② 原生质体：指在人为条件下，用溶菌酶除尽原有细胞壁或用青霉素抑制新生细胞壁合成后所得到的仅有一层细胞膜包裹的圆球状渗透敏感细胞。一般由 G^+ 细菌形成。这种原生质体除对相应的噬菌体缺乏敏感性、不能进行正常的鞭毛运动和细胞不能分裂外，仍保留着正常细胞所具有的其他正常功能。可用于杂交育种；原生质体比正常细菌更易导入外源遗传物质，故有利于遗传学基本原理的研究。

③ 球状体：又称原生质球，指还残留了部分细胞壁（尤其是 G^- 细菌外膜层）的原生质体。

④ 支原体：是在长期进化过程中形成的、适应自然生活条件的无细胞壁的原核生物，它的细胞膜中含有一般原核生物所没有的甾醇，故细胞膜仍有较高的机械强度。

5）革兰氏染色

革兰氏染色自发明到机制的证明经历 100 年，G^+ 和 G^- 细菌主要由于其细胞壁化学成分的差异而引起了物理特性（脱色能力）的不同，最终使染色反应的不同。

革兰氏染色步骤如下：通过结晶紫液初染和碘液媒染后，在细菌细胞膜内形成不溶于水结晶紫与碘的复合物。G^+ 细菌由于细胞壁较厚、肽聚糖网层次多和交联致密，故遇脱色剂乙醇（或丙酮）处理时，因失水而使网孔缩小，再加上它不含类脂，故乙醇的处理不会溶出缝隙，因

此能把结晶紫与碘的复合物牢牢留在壁内，使其保持紫色；反之，G^-
细菌因其细胞壁薄、外膜层类脂含量高、肽聚糖层薄和交联度差，遇脱
色剂乙醇后，以类脂为主的外膜迅速溶解，这时薄而松散的肽聚糖网不
能阻挡结晶紫与碘复合物的溶出，因此细胞退成无色，这时，再经沙黄
等红色染料复染，就使 G^- 细菌呈现红色，而 G^+ 细菌则仍保留最初的
紫色（实为紫加红色）。

（2）细胞膜

①概念

细胞膜又称细胞质膜、质膜，内膜是一层紧贴在细胞壁内侧，包围
着细胞质的柔软、脆弱、富有弹性的半透性薄膜，厚约 7～8 nm，由磷
脂和蛋白质组成。通过质壁分离、鉴别性染色、原生质体破裂、电镜观
察细菌的超薄切片，内外暗，中间明，都可以观察到它的存在。

②成分与结构

电镜下细胞膜，是内外暗中间明的一种双层膜结构。组成细胞膜的
主要成分是磷脂，膜是由两层磷脂分子整齐对称地排列而成。每一个磷
脂分子由一个带正电荷且能溶于水的极性头（磷酸端）和一个不带电
荷、不溶于水的非极性尾（烃端）构成。极性头朝向内外两表面，呈亲
水性，而非极性尾埋入膜的内层，于是形成一个磷脂双分子层。极性头
的甘油分子 C3 位上，不同种类微生物具有不同的 R 基团，如磷脂酸、
磷脂酰甘油、磷脂酰乙醇胺、磷脂酰胆碱、磷脂酰丝氨酸或磷脂酰肌醇
等。所有细菌的细胞膜上都含磷脂酰甘油。非极性尾则由长链脂肪酸通
过酯键连接在甘油分子的 C1 和 C2 位上组成。

磷脂双分子层中有各种功能的蛋白：具运输功能、运输通道的整合
蛋白或内嵌蛋白，磷脂双分子层的外表面则漂浮着许多具有酶促作用的
周边蛋白或膜外蛋白。

液态镶嵌模型在 1972 年 J. S. Singer 和 G. L. Nicolson 提出，其要点
为：膜的主体是脂质双分子层；脂质双分子层具有流动性；整合蛋白因
其表面呈疏水性故可"溶"于脂质双分子层的疏水性内层中；周边蛋白

表面含有亲水基团，故可通过静电引力与脂质双分子层表面的极性头相连；脂质分子间或脂质与蛋白质分子间无共价结合；脂质双分子层犹如"海洋"，周边蛋白可在其上作"漂浮"运动，而整合蛋白则似"冰山"沉浸在其中作横向移动。

细胞膜的生理功能：能选择性地控制细胞内、外的营养物质和代谢产物的运送；维持细胞内正常渗透压的结构屏障；是合成细胞壁和糖被有关成分（如肽聚糖、磷壁酸、肥和荚膜多糖等）的重要场所；膜上含有与氧化磷酸化或光合磷酸化等能量代谢有关的酶系，是细胞的产能基地；鞭毛基体的着生部位，并可提供鞭毛旋转运动所需的能量。

古生菌细胞膜：磷脂的亲水头由甘油组成，但疏水尾由长链烃组成，一般都是异戊二烯的重复单位（如四聚体植烷、六聚体鲨烯等）；亲水头与疏水尾间通过特殊的醚键连接成甘油二醚或甘油四醚，而在其他原核生物或真核生物中则是通过酯键把甘油与脂肪酸连在一起的；古生菌的细胞膜中存在着独特的单分子层或单、双分子层混合膜。在甘油分子的 C3 位上，可连接多种与真细菌和真核生物细胞膜上不同的基团。

（3）细胞质和内含物

细胞质被细胞膜包围的除核区以外的一切半透明、胶体状、颗粒状物质的总称。其含水量约为 80%。原核生物的细胞质是不流动的，主要成分为核糖体（由 50S 大亚基和 30S 小亚基）、贮藏物、酶类、中间代谢物、质粒、各种营养物质和大分子的单体等，少数细菌还含类囊体、羧酶体、气泡或伴孢晶体等。

细胞内含物指细胞质内一些形状较大的颗粒状构造，主要有以下几点：

①贮藏物一类由不同化学成分累积而成的不溶性颗粒，主要功能是贮存营养物，种类很多。

聚-β-羟丁酸是一种存在于许多细菌细胞质内属于类脂性质的碳源类贮藏物，不溶于水，而溶于氯仿，可用尼罗蓝或苏丹黑染色，具有贮藏能量、碳源和降低细胞内渗透压等作用；聚羟链烷酸与 PHB 的差异仅在甲基上，若甲基用 R 基取代，就成了 PHA。它们都是由生物合成的高聚物，具有无毒、可塑和易降解等特点。

异染粒又称迂回体或捩转菌素。可用亚甲蓝或甲苯胺蓝染成红紫色，颗粒大小为 $0.5\sim1.0\ \mu m$，是天机偏磷酸的聚合物，分子呈线状，具有贮藏磷元素和能量以及降低细胞渗透压等作用。

② 磁小体：趋磁细菌中，大小均匀，数目不等，形状为平截八面体、平行六面体或六棱柱体等，成分为 Fe_3O_4，外有一层磷脂、蛋白质或糖蛋白膜包裹，无毒，具有导向功能。可用作磁性靶向药物和抗体，以及制造生物传感器等。

③ 羧酶体：又称羧化体，是存在于一些自养细菌细胞内的多角形或六角形内含物，大小与噬菌体相仿，内含 1,5-二磷酸核酮糖羧化酶，在自养细菌的 CO_2 固定中起着关键作用。

④ 气泡：存在于许多光能营养型、无鞭毛运动水生细菌中的泡囊状内含物，内中充满气体，大小为 $0.2\text{-}1.0\ \mu m\times75\ nm$，有数排柱形小空泡，外由 2 nm 厚的蛋白质膜包裹，具有调节细胞比重，使之漂浮在最适水层中的作用，借以获取光能、氧和营养物质。

（4）核区

核区又称核质体、原核、拟核或核基因组，指原核生物所特有的无核膜包裹、无固定形态的原始细胞核。用富尔根染色法可见到呈紫色、形态不定的核区，核区的化学成分是一个大型的环状双链 DNA 分子，一般不含蛋白质，除在染色体复制的短时间内为双倍体外，一般均为单倍体，核区是细菌等原核生物负载遗传信息的主要物质基础。

2．细菌细胞的特殊构造

不是所有细菌细胞都具有的构造，称作特殊构造，一般指糖被（荚膜和黏液层）、鞭毛、菌毛和芽孢等。

（1）糖被

糖被包被于某些细菌细胞壁外的一层厚度不定的透明胶状物质。糖被的有无、厚薄除与菌种的遗传性相关外，还与环境尤其是营养条件密切相关。糖被按其有无固定层次、层次厚薄又可细分为荚膜（即大荚膜）、微荚膜、黏液层和菌胶团等数种。

荚膜的含水量很高，经脱水和特殊染色后可在光镜下看到。在实验室中，若用炭黑墨水对产荚膜细菌进行负染色（即背景染色），也可方便地在光镜下观察到荚膜。糖被的成分一般是多糖，少数是蛋白质或多肽，也有多糖与多肽复合型的。

糖被的功能：①保护作用，其上大量极性基团可保护菌体免受干旱损伤；可防止噬菌体的吸附和裂解；一些动物致病菌的荚膜还可保护它们免受宿主白细胞的吞噬。②贮藏养料，以备营养缺乏时重新利用；③作为透性解障和离子交换系统，以保护细菌免受重金属离子的毒害；④表面附着作用；⑤细菌间的信息识别作用；⑥堆积代谢废物。

糖被在科学研究和生产实践的应用：①用于菌种鉴定；②用作药物（羧甲淀粉等）和生化试剂；③用作工业原料，如胞外多糖——黄原胶已被用于石油开采中的钻井液添加剂以及印染和食品等工业中；④用于污水的生物处理。

（2）鞭毛

生长在某些细菌表面的长丝状、波曲的蛋白质附属物，数目为一至数十条，具有运动功能。长约 $15\sim20\ \mu m$，直径为 $0.01\sim0.02\ \mu m$。可用电镜观察、特殊的鞭毛染色法使染料沉积到鞭毛表面上后，加粗的鞭毛再在光镜下观察、在暗视野中，观察细菌的悬滴标本或水浸片，看细菌是否作有规则的运动，来判断有否鞭毛；通过琼脂平板培养基上的菌落形态或在半固体直立柱穿刺线上群体扩散的情况，可推测是否长有鞭毛。

原核生物的鞭毛都有共同的构造，它由基体、钩形鞘和鞭毛丝 3 部分组成，G^+ 和 G^- 细菌的鞭毛构造稍有区别。

鞭毛的基体由 4 个称作环的盘状物组成，最外层为 L 环，连在细胞壁外膜上，接着为连在细胞壁内壁层肽聚糖上的 P 环，第三个是靠近周质空间的 S 环，它与第四环即 M 环连在一起合称 S-M 环（或内环），共同嵌埋在细胞质膜上。S-M 环被一对 Mot 蛋白包围，由它驱动 S-M 环的快速旋转。在 S-M 环的基部还存在一个 Fli 蛋白，起着键钮作用，它可根据细胞提供的信号令鞭毛进行正转或逆转。其能量来自细胞膜上的质子动势。据计算，鞭毛旋转一周约消耗 1000 质子。钩形鞘或鞭毛钩把鞭毛基体与鞭毛丝连在一起，直径约 17 nm，其上着生一条长约 15～20 μm 的鞭毛丝。鞭毛丝是由许多直径为 4.5 nm 的鞭毛蛋白亚基沿着中央孔道作螺旋状缠绕而成，每周有 8～10 个亚基。鞭毛蛋白是一种呈球状或卵圆状的蛋白质，相对分子质量为 3 万～6 万，它在细胞质内合成后，由鞭毛基部通过中央孔道不断输送至鞭毛的游离端进行自装配。因此，鞭毛的生长是靠其顶部延伸而非基部延伸，如图 4－3 所示。

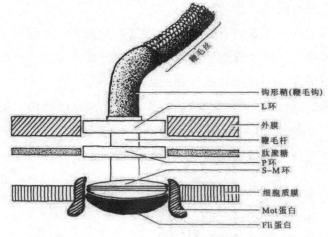

图 4－3　G⁻细菌 E. coli 的鞭毛的一般构造

G⁺细菌的基体只有 S 和 M 环，其余与 G⁻细菌一样。鞭毛生理功能是运动，这是原核生物实现其趋性的最有效方式。生物体对其环境中的不同物理、化学或生物因子作有方向性的应答运动称为趋性。这些因子往往以梯度差的形式存在。若生物向着高梯度方向运动，就称正趋性，反之则称负趋性。按环境因子性质的不同，趋性又可细分为趋化性、趋光性、趋氧性和趋磁性等多种。细菌的鞭毛着生方式主要有单端鞭毛菌、端生丛毛菌两端鞭毛菌和周毛菌。

（3）菌毛

菌毛又称纤毛、伞毛、线毛或须毛，是一种长在细菌体表的纤细、中空、短直且数量较多的蛋白质类附属物，具有使菌体附着于物体表面上的功能。比鞭毛简单，无基体等构造，直接着生于细胞质膜上。直径一般为 3～10 nm，每菌一般有 250～300 条。菌毛多数存在于 G^- 致病菌中。

（4）性毛

性毛又称性菌毛，构造和成分与菌毛相同，但比菌毛长，且每个细胞仅一至少数几根。一般见于 G^- 细菌的雄性菌株（供体菌）中，具有向雌性菌株（受体菌）传递遗传物质的作用，有的还是 RNA 噬菌体的特异性吸附受体。

（5）芽报和其他休眠构造

某些细菌在其生长发育后期，在细胞内形成的一个圆形或椭圆形、厚壁、含水量低、抗逆性强的休眠构造，称为芽孢（图 4—4）。每一营养细胞内仅形成一个芽孢，故芽孢并无繁殖功能。

芽孢是抗逆性最强的一种构造，具抗热、抗化学药物和抗辐射、休眠等能力。能产芽孢的细菌种类很少，主要是属于 G^+ 细菌的两个属——好氧性的芽孢杆菌属和厌氧性的梭菌属。

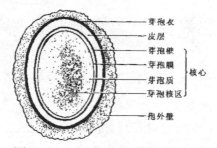

图 4—4　细菌芽孢构造模式图

芽孢耐热机制——渗透调节皮层膨胀学说认为，芽孢的耐热性在子芽孢衣对多价阳离子和水分的透性很差以及皮层的离子强度很高，这就使皮层产生了极高的渗透压去夺取芽孢核心中的水分，其结果造成皮层的充分膨胀和核心的高度失水，正是这种失水的核心才赋予了芽孢极强的耐热性。另一种学说则认为,芽孢皮层中含有营养细胞所没有的 DPA-Ca,它能稳定芽孢中的生物大分子,从而增强了芽孢的耐热性。

研究细菌的芽孢有着重要的理论和实践意义,芽孢的有无、形态、大小和着生位置是细菌分类和鉴定中的重要形态学指标。

细菌的休眠构造除芽孢外,还有数种其他形式,主要的如孢囊。孢囊是一些固氮菌在外界缺乏营养的条件下,由整个营养细胞外壁加厚、细胞失水而形成的一种抗干旱但不抗热的圆形休眠体。

(6)伴孢晶体

少数芽孢杆菌如苏云金芽孢杆菌在形成芽孢的同时,会在芽孢旁形成一颗菱形、方形或不规则形的碱溶性蛋白质晶体,称为伴孢晶体。干重可达芽孢囊的 30% 左右。伴孢晶体对鳞翅目、双翅目和鞘翅目等 200 多种昆虫和动、植物线虫有毒杀作用,因此可将这类细菌制成对人畜安全、对害虫的天敌和植物无害,有利于环境保护的生物农药("Bt"细菌杀虫剂)。当害虫吞食伴孢晶体后,先被虫体中肠内的碱性消化液分解并释放出蛋白质毒素,再由毒素特异地结合在中肠上皮细胞的蛋白受体上,使细胞膜上产生一小孔(直径为 $1\sim2$ nm),并引起细胞肿胀、死亡,进而使中肠里的碱性内含物以及菌体、芽孢都进入血管腔,并很快使昆虫患败血症而死亡。

(三)细菌的繁殖

当一个细菌生活在合适条件下时,通过其连续的生物合成和平衡生长,细胞体积、重量不断增大,最终导致了繁殖。细菌的繁殖方式主要为裂殖,只有少数种类进行芽殖。

1. 裂殖

裂殖指一个细胞通过分裂而形成两个子细胞的过程,对杆状细胞来说,有横分裂和纵分裂两种方式。

(1)二分裂

典型的二分裂是一种对称的二分裂方式,即一个细胞在其对称中心形成一隔膜,进而分裂成两个形态、大小和构造完全相同的子细胞,绝大多数的细菌都借这种分裂方式进行繁殖。少数细菌中有不等二分裂繁殖方式，其结果产生了两个在外形、构造上有明显差别的子细胞。

（2）三分裂

一属进行厌氧光合作用的绿色硫细菌（暗网菌属），它能形成松散、不规则、三维构造并由细胞链组成的网状体。其原因是除大部分细胞进行常规的二分裂繁殖外，还有部分细胞进行成对地"一分为三"方式的三分裂，形成一对"Y"形细胞，随后仍进行二分裂，其结果就形成了特殊的网眼状菌丝体。

（3）复分裂

蛭弧菌的小型弧状细菌所具有的繁殖方式，当它在宿主细菌体内生长时，会形成不规则的盘曲的长细胞，然后细胞多处同时发生均等长度的分裂，形成多个弧形子细胞。

2. 芽殖

芽殖是指在母细胞表面（尤其在其一端）先形成一个小突起，待其长大到与母细胞相仿后再相互分离并独立生活的一种繁殖方式。

（三）细菌的群体形态

1. 在固体培养基上（内）的群体形态

将单个细菌（或其他微生物）细胞或一小堆同种细胞接种到固体培养基表面（或内层），当它占有一定的发展空间并处于适宜的培养条件下时，该细胞就会迅速生长繁殖并形成细胞堆，此即菌落。因此，菌落就是在固体培养基上（内）以母细胞为中心的一堆肉眼可见的，有一定形态、构造等特征的子细胞集团。如果菌落是由一个单细胞繁殖形成的，则它就是一个纯种细胞群或克隆。如果把大量分散的纯种细胞密集地接种在固体培养基的较大表面上，结果长出的大量"菌落"相互连成一片，这就是菌苔。

细菌菌落的特征：湿润、较光滑、较透明、较黏稠、易挑取、质地均匀以及菌落正反面或边缘与中央部位的颜色一致等。其原因是细菌属单细胞生物，一个菌落内无数细胞并没有形态、功能上的分化，细胞间充满着毛细管状态的水；等等。不同形态、生理类型的细菌，在其菌落形态、构造等特征上也有许多明显不同，例如，无鞭毛、不能运动的细菌尤其是球菌通常都形成较小、较厚、边缘圆整的半球状菌落；长有鞭毛、运动能力强的细菌一般形成大而平坦、边缘多缺刻（其车成树根状）、不规则形的菌落；有糖被的细菌，会长出大型、透明、蛋清状的菌落；有芽孢的细菌往往长出外观粗糙、干燥、不透明且表面多褶的菌落等。

2. 在半固体培养基上（内）的群体形态

纯种细菌在半固体培养基上生长时，会出现许多特有的培养性状，因此对菌种鉴定十分重要。半固体培养法通常把培养基灌注在试管中，形成高层直立柱，然后用穿刺接种法接入试验菌种。若用明胶半固体培养基做试验，还可根据明胶柱液化层中呈现的不同形状来判断某细菌有否蛋白酶产生和某些其他特征，若使用的是半固体琼脂培养基，则从直立柱表面和穿刺线上细菌群体的生长状态和有否扩散现象来判断该菌的运动能力和其他特性。

3. 在液体培养基上（内）群体形态

细菌在液体培养基中生长时，会因其细胞特征、比重、运动能力和对氧气等关系的不同，而形成几种不同的群体形态：多数表现为混浊，部分表现为沉淀，一些好氧性细菌则在液面上大量生长，形成有特征性的、厚薄有差异的菌醭、菌膜或环状、小片状不连续的菌膜等。

二、放线菌

放线菌是一类主要呈菌丝状生长和以孢子繁殖的陆生性较强的原核生物，它与细菌十分接近，已发现放线菌几乎都呈革兰氏阳性，因此，放线菌又定义为一类主要呈丝状生长和以孢子繁殖的革兰氏阳性细菌。

放线菌广泛分布在含水量较低、有机物较丰富和呈微碱性的土壤中。泥土特有的泥腥味，主要由放线菌产生的土腥味素引起，每克土壤放线菌的孢子数一般可达107个。

　　放线菌与人类的关系极其密切，绝大多数属有益菌，对人类健康的贡献尤为突出。放线菌还是许多酶、维生素等的产生菌，弗兰克氏菌属对非豆科植物的共生固氮具有重大的作用。放线菌在甾体转化、石油脱蜡和污水处理中也有重要应用。许多放线菌有极强的分解纤维素、石蜡、角蛋白、琼脂和橡胶等的能力，故它们在环境保护、提高土壤肥力和自然界物质循环中起着重大作用，只有极少数放线菌能引起人和动、植物病害。

（一）放线菌的形态构造

1. 典型放线菌——链霉菌的形态构造

　　放线菌的种类很多，形态、构造和生理、生态类型多样。这先以分布最广、种类最多、形态特征最典型以及与人类关系最密切的链霉菌属为例来阐明放线菌的一般形态、构造和繁殖方式。

　　通过载片培养等方法可清楚地观察到链霉菌细胞呈丝状分枝，菌丝直径很细（＜1 μm 与细菌相似）。在营养生长阶段，菌丝内无隔，故一般呈多核的单细胞状态。

　　基内菌丝又称基质菌丝、营养菌丝或一级菌丝，以放射状向基质表面和内层扩展，色浅、较细的具有吸收营养和排泄代谢废物功能；气生菌丝或称二级菌丝，颜色较深、直径较粗的分枝菌丝；孢子丝的气生菌丝成熟分化成，横割分裂产生成串的分生孢子（图4－5）。

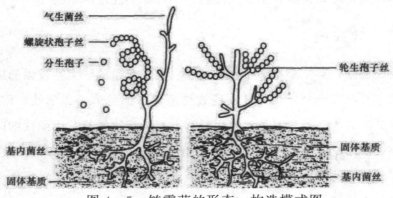

图4－5　链霉菌的形态、构造模式图

链霉菌孢子丝的形态多样，有直、波曲、钩状、螺旋状、轮生（一级轮生或二级轮生）等多种（图4-6）。

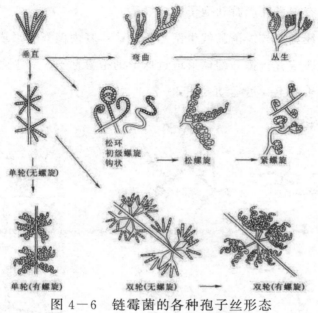

图4-6　链霉菌的各种孢子丝形态

2. 其他放线菌所特有的形态构造

（1）基内菌丝会断裂成大量杆菌状体的放线菌

以诺卡氏菌属为代表的原始放线菌具有分枝状、发达的营养菌丝，但多数无气生菌丝。当营养菌丝成熟后，会以横割分裂方式突然产生形状、大小较一致的杆菌状、球菌状或分枝杆菌状的分生孢子（图4-7）。

（2）菌丝顶端形成少量孢子的放线菌

有几属放线菌会在菌丝顶端形成一至数个或较多的孢子，如小单孢菌属在分枝的基内菌丝顶端产一个孢子小双孢菌属和小四孢菌属在基内菌丝上不形成孢子而仅在气生菌丝顶端分别形成2个和4个孢子；小多孢菌属在气生菌丝和基内菌丝顶端都形成2～10个孢子（图4-7）。

（3）具有孢囊并产孢囊孢子的放线菌

孢囊链霉菌属的放线菌具有由气生菌丝的孢子丝盘卷而成的孢囊，

它长在气生菌丝的主丝或侧丝的顶端，内部产生多个孢囊孢子（无鞭毛）（图4-7）。

(4) 具有孢囊并产游动孢子的放线菌

游动放线菌属放线菌的气生菌丝不发达，基内菌丝上形成孢囊，内含许多呈盘曲或直行排列的球形或近球形的孢囊孢子，其上着生一至数根极生或周生鞭毛，可运动（图4-7）。

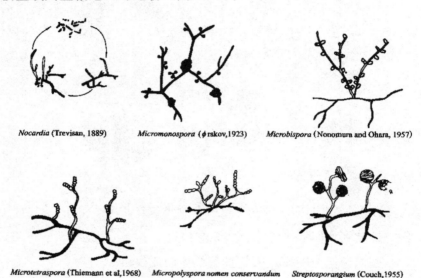

Nocardia (Trevisan, 1889)   Micromonospora (φrskov,1923)   Microbispora (Nonomura and Ohara, 1957)

Microtetraspora (Thiemann et al,1968)   Micropolyspora nomen conservandum   Streptosporangium (Couch,1955)

Actinoplanes (Couch,1950,1955)

Spirillospora (Couch,1963)

图4-7 若干有代表性形态构造的放线菌

（二）放线菌的繁殖

自然条件下，多数形成各种孢子繁殖，仅少数以基内菌丝分裂形成孢子状细胞繁殖。液体培养时，放线菌很少形成孢子，但各种菌丝片段都有繁殖功能。根据电镜下的超薄切片观察，放线菌的孢子形成只有横隔分裂，而无凝聚分裂。横割分裂通过两种途径进行：①细胞膜内陷、再由外向内逐渐收缩，最后形成完整的横割膜，从而把孢子丝分割成许多分生孢子；②细胞壁和膜同时内陷，再逐步向内缢缩，最终将孢子丝缢裂成一串分生孢子。

（三）放线菌的群体特征

1．在固体培养基上

多数放线菌有基内菌丝和气生菌丝的分化，气生菌丝成熟时又会进一步分化成孢子丝并产生成串的干粉状孢子，它们伸展在空间，菌丝间没有毛细管水存积，于是就使放线菌产生与细菌有明显差别的菌落：干燥、不透明、表面呈致密的丝绒状，上有一薄层彩色的"干粉"；菌落和培养基的连接紧密，难以挑取；菌落的正反面颜色常不一致，以及在菌落边缘的琼脂平面有变形的现象等。少数原始的放线菌如 Nocardia 等缺乏气生菌丝或气生菌丝不发达，菌落与细菌的接近。

2．在液体培养基上（内）

在实验室对放线菌进行摇瓶培养时，常可见到在液面与瓶壁交界处粘贴着一团菌苔，培养液清而不混，其中悬浮着许多珠状菌丝团，一些大型菌丝团则沉在瓶底等现象。

三、蓝细菌

蓝细菌旧名蓝藻或蓝绿藻，是一类进化历史悠久、革兰氏阴性、无鞭毛、含叶绿素（但不形成叶绿体），能进行产氧性光合作用的大型原核生物。

（一）形态

蓝细菌的细胞体积一般比细菌大，通常直径为 $3\sim10\ \mu m$，最大的可达 60 m。细胞形态多样，大体可分 5 类（图 4—8）：

①由二分裂形成的单细胞；

②由复分裂形成的单细胞；

③有异形胞的菌丝；

④无异形胞菌丝；

⑤分枝状菌丝。

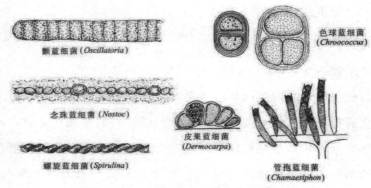

颤蓝细菌 (*Oscillatoria*)

色球蓝细菌 (*Chroococcus*)

念珠蓝细菌 (*Nostoc*)

皮果蓝细菌 (*Dermocarpa*)

螺旋蓝细菌 (*Spirulina*)

管孢蓝细菌 (*Chamaesiphon*)

图 4-8　几类蓝细菌的典型形态

(二) 构造

蓝细菌的构造与 G⁻ 细菌相似：细胞壁双层，含肽聚糖。不少种类，尤其是水生种类在其壁外还有黏质糖被或鞘，可把各单细胞集合在一起，并进行滑行运动。细胞质周围有复杂的光合色素层，以类囊体的形式出现，含叶绿素 a 和藻胆素（一类辅助光合色素）。细胞内还有能固定 CO_2 的羧酶体。在水生性种类的细胞中，常有气泡构造。细胞中的内含物有：糖原、PHB、蓝细菌肽和聚磷酸盐等。其细胞内的脂肪酸较为特殊，含有两至多个双键的不饱和脂肪酸，而其他原核生物通常只含饱和脂肪酸和单个双键的不饱和脂肪酸。

(三) 蓝细菌细胞的特化形式

①异形胞是存在于丝状生长种类中的形大、壁厚、专司固氮功能的细胞，数目少而不定，位于细胞链的中间或末端。

②静息孢子是一种长在细胞链中间或末端的形大、壁厚、色深的休眠细胞，富含贮藏物，能抵御干旱等不良环境。

③链丝段又称连锁体或藻殖段，是由长细胞链断裂而成的短链段，具有繁殖功能。

④少数种类如（管孢蓝细菌属）能在细胞内形成许多球形或三角形的内孢子，待成熟后即可释放，具有繁殖作用。

蓝细菌是一类较古老的原核生物，大约在数亿年前已形成，它的发展使整个地球大气从无氧状态发展到有氧状态，从而孕育了一切好氧生物的进化和发展。有些蓝细菌有着重大的经济价值；120多种蓝细菌具有固氮能力；有的蓝细菌是在受氮、磷等元素污染后发生富营养化的海水"赤潮"和湖泊中"水华"的元凶，给渔业和养殖业带来严重危害。此外，还有少数水生种类会产生可诱发人类肝癌的毒素。

第二节　支原体、立克次氏体和衣原体

支原体、立克次氏体和衣原体是3类同属 G^- 的代谢能力差，主要营细胞内寄生的小型原核生物。从支原体、立克次氏体至衣原体，其寄生性逐步增强，因此，它们是介于细菌与病毒间的一类原核生物（表4－1）。

表4－1　支原体、立克次氏体、衣原体和病毒的比较

比较项目	支原体	立克次氏体	衣原体	病毒
细胞构造	有	有	有	无
含核酸类型	DNA 和 RNA	DNA 和 RNA	DNA 和 RNA	DNA 和 RNA
核糖体	有	有	有（不含肽聚糖）	无
细胞壁	无	有（含肽聚糖）	无	无
繁殖是个体完整性	有（含甾醇）	有（含甾醇）	有（五甾醇）	无
大分子合成能力	保持	保持	保持	不保持
产 ATP 系统	有	有	无	无
氧化谷氨酸胺能力	有	有	无	无
对抑制细菌抗生素的反应	敏感（对抑制细胞壁合成者例外）	敏感	敏感（青霉素例外）	有抗性

一、支原体

支原体是一类无细胞壁、介于独立生活和细胞内寄生生活间的最小型原核生物。如肺炎支原体，植物的"丛技病"（侵染植物的支原体为

类支原体，或植原体）。

支原体的特点有：①细胞很小，直径一般为 150～300 nm，多数为 250 nm 左右，故光镜下勉强可见；②细胞膜含甾醇，比其他原核生物的膜更坚韧；③因无细胞壁，故呈 G^- 且形态易变，对渗透压较敏感，对抑制细胞壁合成的抗生素不敏感等；④菌落小（直径 0.1～1 mm），在固体培养基表面呈特有的"油煎蛋"状；⑤以二分裂和出芽等方式繁殖；⑥能在含血清、酵母膏和甾醇等营养丰富的培养基上生长；⑦多数能以糖类作能源，能在有氧或无氧条件下进行氧化型或发酵型产能代谢；⑧基因组很小，仅在 0.6～1.1 Mb 左右；⑨对能抑制蛋白质生物合成的抗生素（四环素、红霉素等）和破坏含甾体的细胞膜结构的抗生素（两性霉亲、制霉菌素等）都很敏感。

二、立克次氏体

1909 年，美国医生 H. T. Ricketts 首次发现落基山斑疹伤寒的独特病原体并被它夺去生命。立克次氏体是一类专性寄生于真核细胞内的 G^- 原核生物。它与支原体的区别是有细胞壁和不能独立生活；与衣原体的区别在于其细胞较大、无滤过性和存在产能代谢系统。

从患病植物韧皮部中也发现的类似立克次氏体的微生物，特被称作类立克次氏体细菌。

立克次氏体的特点：①细胞较大，直径在 0.3-0.6×0.8-2.0 μm 间，光镜下清晰可见；②细胞形态多样，自球状、双球状、杆状至丝状等均有；③有细胞壁、G^-，④除少数外，均在真核细胞内营细胞内专性寄生，宿主为节肢动物和脊椎动物；⑤以二分裂方式繁殖（每分裂一次约 8 h）；⑥存在不完整的产能代谢途径，不能利用葡萄糖或有机酸，只能利用谷氨酸和谷氨酰胺产能；⑦对四环素和青霉素等抗生素敏感；⑧对热敏感，一般在 56 ℃以上经 30 min 即被杀死；⑨一般可培养在鸡胚、敏感动物或 HeLa 细胞株（子宫颈癌细胞）的组织培养物上；⑩基因组很小，1 Mb 左右。

立克次氏体是人类斑疹伤寒、恙虫热和 Q 热等严重传染病的病原体，侵入人体后在血细胞中大量繁殖并产生内毒素，置人于死地。

三、衣原体

衣原体是一类在真核细胞内营专性能量寄生的小型 G^- 原核生物。曾长期被误认为"大型病毒"，直至 1956 年由我国著名微生物学家汤飞凡等自沙眼中首次分离到病原体后，才逐步证实它是一类独特的原核生物。

衣原体的特点：①有细胞构造；②细胞内同时含有 RNA 和 DNA 两种核酸；③有细胞壁（但缺肽聚糖），G^-；④有核糖体；⑤缺乏产生能量的酶系，须严格细胞内寄生；⑥以二分裂方式繁殖；⑦对抑制细菌的抗生素和药物敏感；⑧只能用鸡胚卵黄囊膜、小白鼠腹腔或 HeLa 细胞组织培养物等活体进行培养。

衣原体的生活史十分独特。具有感染力的细胞称作原体，呈小球状，细胞厚壁、致密，不能运动，不生长（RNA：DNA＝1：1），抗干旱，有传染性。原体经空气传播，一旦遇到合适的新宿主，就可通过吞噬作用进入细胞，在其中生长，转化成无感染力的细胞，称为始体或网状体，呈大形球状，细胞壁薄而脆弱，易变形，无传染性，生长较快（RNA：DNA＝3：1），通过二分裂可在细胞内繁殖成一个微菌落即"包涵体"，随后每个始体细胞又重新转化成原体，待释放出细胞后，重新通过气流传播并伺机感染新的宿主。整个生活史约需 48 h。

目前被承认的衣原体有 3 个种，即引起鹦鹉热等人兽共患病的鹦鹉热衣原体、引起人体沙眼的沙眼衣原体和引起肺炎的肺炎衣原体。

第三节　原核微生物课程思政介绍及案例分析

随着我国高等教育的快速发展，高校课程思政建设已成为当前和今后一个时期我国高等教育的一项重要任务。因此，各高校、各专业都把课程思政作为提高人才培养质量的重要举措。微生物学是生命科学与医学领域的一门重要基础学科，原核微生物学是微生物学的一个重要组成部分，此处针对原核微生物学课程，从培养什么人、培养怎样的人出发，进行课程思政元素融入的探讨，旨在提供一些值得思考和借鉴的案例，为原核微生物学课程建设提供参考。

一、原核微生物课程思政的主要论点

（一）科学精神培养

原核微生物课程可以培养学生的科学精神，包括求真务实、刻苦耐劳、无私奉献等品质。例如：课程可以介绍微生物学奠基人李时珍的治学精神，以及像巴斯德、科赫等微生物学家勇于探索、追求真理的科学态度，这对学生坚定科学信念、践行科学精神具有积极意义。

（二）国家富强意识培养

原核微生物课程内容与人类健康和国计民生密切相关，可以加强学生的国家富强意识，课程可以介绍我国在微生物学研究方面的贡献，如屠呦呦的研究成果，以增强学生的国家认同感和奋发图强的精神。

（三）生命伦理规范意识培养

原核微生物领域涉及生物安全、基因编辑等伦理问题。课程教学可以加强对学生生命规范的引导，提高学生的社会责任感。如讲解人类历史上的大型原核微生物疾病流行以及近现代的"细菌战"，对学生进行爱国主义教育，引导学生树立科学、理性的价值观。

二、原核微生物课程思政案例分析

（一）科学精神案例介绍

1. 代表人物介绍

（1）路易·巴斯德

路易·巴斯德是 19 世纪法国伟大的微生物学家和传染病学家。他一生从事众多科学研究，做出了划时代的科学发现，对人类文明进步作出了巨大贡献，他的许多科学故事具有很高的教育意义，值得学生学习和关注。

巴斯德证明了发酵是由微生物引起的这个科学故事。19 世纪人们普遍认为发酵是一种无生命的化学过程。巴斯德通过大量实验观察首次发现酵母菌等微生物是引起发酵的关键，推翻了化学说，确立了发酵是生物过程这一重大科学发现。这反映了巴斯德坚持实证主义、不断求证的科学精神，也说明科学发展需要批判前人经验，勇于推翻旧有理论。这一发现启发教师在教育中应鼓励学生保持科学求真精神，不断质疑、思考，勇于革新。

巴斯德研究炭疽菌的故事。通过对死于炭疽病牲畜的血液和组织的镜下观察，巴斯德首先发现了炭疽杆菌，确认它是引起炭疽病的病原体。他的这个发现奠定了传染病微生物学基础，标志着医学由体液医学向细菌学医学的转变。这反映出巴斯德的细致严谨的科学态度，他不断深入观察研究，终于发现了病原微生物，这说明科学家需要有耐心和毅力，才能取得突破。这启发我们教育要培养学生艰苦朴素、勤奋好学的科学精神。

巴斯德研制炭疽疫苗的故事。在发现炭疽菌后，巴斯德又付出巨大努力，通过大量试验最终研制出有效炭疽疫苗。这进制造了人类历史上第一个疫苗，拯救了无数人和牲畜的生命。这反映出巴斯德将科学研究与解决实际问题结合起来的学术精神，他的疫苗发明推动了防疫学的发展。这说明科学家要坚持把科研成果应用于实践，真正造福社会。这对教师的教育意义重大，要教育学生将知识运用于实践，服务人民。

巴斯德的杰出科学贡献和许多科学故事，反映出他具有真诚求真、严谨细致、持之以恒的科学精神，也体现出将科学研究与实际问题解决结合起来的学术品格。这些科学态度和学术品格对教师开展科学教育意义深远。应通过引导学生学习巴斯德的科学故事来培养学生的科学精神、创新思维和社会责任感。具体而言,教育应该鼓励学生保持批判思维与求真精神,养成勤奋好学的科研态度,培养耐心仔细的科学精神,并树立将知识应用到实践中造福社会的学术理想。用巴斯德的科学故事启迪学生,让年轻一代在科学创新中弘扬巴斯德的学术风范,为人类文明进步贡献力量。

（2）罗伯特·科赫

罗伯特·科赫于 1843 年出生在德国东普鲁士的克劳斯堡。他在医学领域取得了卓越的成就,被誉为现代微生物学的奠基人之一。科赫的研究主要集中在细菌学和传染病方面,科赫首先发现了炭疽杆菌,并证明它是引起炭疽病的病原菌。这一发现是他职业生涯的开端,也为日后的科学研究奠定了基础。科赫还发现了多种其他病原微生物,如霍乱弧菌和结核菌等,对这些病原菌的研究为传染病的防控提供了重要的依据。科赫提出了以科赫的 4 个定律而闻名。这些定律被视为微生物学研究的基石,具体包括以下四点:①特定病原体存在于特定疾病中;②病原体可以从一个宿主传播到另一个宿主;③分离的病原体可以引起同样的疾病;④病原体可以通过纯种培养得到。科赫的研究成果被广泛应用于医学和公共卫生领域。他的工作不仅推动了传染病的防治,也为微生物学的发展做出了重要贡献。科赫于 1910 年获得了诺贝尔生理学或医学奖,以表彰他在传染病研究方面的杰出成就。

科赫是一位伟大的科学家,他的研究成果和贡献对微生物学和医学领域产生了深远的影响。科赫的生平事迹和研究方法给学生带来了许多启示。教师应该引导学生学习科赫的科学精神和勤奋态度,坚持实验和观察,推动科学的发展。科赫的 4 个定律为微生物学研究提供了基本的原则,为传染病的预防和控制提供了重要的依据。教师应该在微生物学研究中遵循科赫的方法,引导学生注重实验和观察,以推动微生物学的进步。

（3）弗里茨·哈珀

微生物能够通过固氮作用将空气中的氮气转化为铵,植物要想增加产量，在农业上还是要施加大量的化肥。德国化学家弗里茨·哈珀是化肥研制领域的重要任务。他于 1909 年发现了合成氨的方法，这一发现对化肥的研制和应用起到了重要的推动作用。哈珀通过将氮和氢气经过高温和高压反应而合成氨气，为合成氨肥料的生产提供了可行的方法，他的研究成果极大地促进了农业生产的发展，为提高粮食产量做出了重要贡献。

2. 青霉素的发现历程介绍

青霉素（音译盘尼西林）是抗生素的一种，但每次使用前必须做皮试，以防过敏，青霉素是人类历史上发现的第一种抗生素，且应用非常广泛。殊不知青霉素的使用最早的记载来自中国。早在唐朝时，长安城的裁缝会把长有绿毛的糨糊涂在被剪刀划破的手指上来帮助伤口愈合，就是因为绿毛产生的物质（青霉素菌）有杀菌的作用，也就是人们最早使用的青霉素。

20 世纪 40 年代以前，人类一直未能掌握一种能高效治疗细菌性感染且副作用小的药物。当时若某人患了肺结核，那么就意味着此人不久就会离开人世。为了改变这种局面，科研人员进行了长期探索，然而在这方面所取得的突破性进展却源自意外发现。

第一次是 1922 年，患了感冒的弗莱明无意中对着培养细菌的器皿打喷嚏。后来他注意到，在这个培养皿中，凡沾有喷嚏黏液的地方没有一个细菌生成。随着进一步的研究，弗莱明发现了溶菌酶。他以为这可能就是获得有效天然抗菌剂的关键。但很快他就丧失了兴趣，试验表明这种溶菌酶只对无害的微生物起作用。

1928 年运气之神再次降临。在弗莱明外出休假的两个星期里，一只未经刷洗的废弃的培养皿中长出了一种神奇的霉菌。他又一次观察到这种霉菌的抗菌作用。不过，这一次感染的细菌是葡萄球菌，这是一种严重的、有时是致命的感染源，经证实，这种霉菌液还能够阻碍其他多种病毒性细菌的生长。

弗莱明决定从这里入手，找出青霉菌杀死葡萄球菌的秘密。他试着提纯这种杀菌物质,但是没有成功,屡战屡败的弗莱明最终放弃了青霉素的治疗价值。一名叫做塞西尔·乔治·佩因的医生在学生时代曾经在弗莱明的报告中了解到青霉菌,他写信给弗莱明索要了一点青霉菌的样品。佩因将青霉素用于临床治疗发现效果显著,但令人惋惜的是,1931年3月底,佩因去了伦敦研究产后热,在那之后他再也没有使用过青霉素。

青霉菌就这样被尘封了接近十年,转眼便是 20 世纪 40 年代。

1940 年,英国牛津的两位科学家弗洛里和钱恩等人在老鼠身上试验了青霉素的疗效,并成功提取出了一些青霉素。1941 年,弗洛里和钱恩治疗了一个面部严重感染的警察艾尔伯特·亚历山大,疗效很好,警察的病情迅速有了好转,不过很遗憾,他们提取出来的青霉素剂量不够,药用完了,最后那位警察还是死了。

这个病例让人们发现了青霉素的力量,加上战争中大量伤员急需治疗,青霉素的生产工艺得到了飞速的发展。1943 年,青霉素成为美国的第二重要高端研究项目开始实现工业化生产。截止 1945 年 6 月,青霉素的年产量已经达到了 6469 亿个单位,美国每个月生产的青霉素能够治疗 4 万人。青霉素挽救了成千上万的伤员及病人的性命,并且开创了百花齐放的抗生素时代。因此,1945 年的诺贝尔生理学及医学奖颁发给了弗莱明、弗洛里及钱恩三人。

(二)国家富强案例

1. 青蒿素的生物合成

中国中医科学院研究员屠呦呦先生因为发现抗疟疾药物青蒿素喜获 2015 年度诺贝尔生理或医学奖,"青蒿素"迅速引起社会的广泛关注。青蒿素是一种萜类化合物,于 20 世纪 70 年代被发现,最初是从植物黄花蒿提取而来,现在国内主要生产方法依然是从黄花蒿提取,但是植物提取存在占用耕地、依赖环境气候、提取过程烦琐等问题。全世界每年有几亿人左右感染疟疾,解决青蒿素的生产原料问题,经济社会意义重大。近些年随着合成生物技术、代谢工程技术、基因合成技术等快速发展，人类改造微生物的能力迅猛提高，为重要化学品的微生物合成技术开发提供了坚实基础。2013 年 5 月，世界卫生组织批准微生物合成的青蒿素作为临床药物使用，说明微生物合成技术生产的青蒿素的安全性和有效性与传统植物提取法生产的青蒿素相同，相信以后越来越多的疟疾患者尤其是非洲地区的患者会使用微生物生产的廉价青蒿素药物。这种半合成青蒿素的工艺技术在未来若干年肯定会取代传统植物提取技术。2013 年 4 月，法国制药业巨头 Sanofi 宣布开始应用 Amyris 开发的青蒿素生产工艺工业化生产青蒿素。我国的青蒿素传统生产企业如昆药集团、复兴医药等面临的市场竞争压力巨大。

作为一种新型尖端技术，微生物合成技术的潜力巨大。它可以突破传统植物提取的局限，不受地理位置、土壤状况、自然气候环境、灾害的影响，理论上可以在任何有发酵罐的工厂全天候生产，产品质量稳定、生产周期短、生产效率高、生产成本低廉，产品更具市场竞争力，应用前景广阔。虽然我国在青蒿素的医学应用方面研究较早，但是青蒿素的提取主要依赖于从植物中获得，微生物合成方面的研究起步较晚，严重制约了我国青蒿素产业的发展。为解决产业发展的瓶颈问题，国家起草了《中国青蒿素发展现状分析与前景趋势预测报告（2023—2029年）》，主要研究分析了青蒿素行业市场运行态势并对青蒿素行业发展趋势做出预测。报告首先介绍了青蒿素行业的相关知识及国内外发展环境，然后对青蒿素行业运行数据进行了剖析，同时对青蒿素产业链进行了梳理，进而详细分析了青蒿素市场竞争格局及青蒿素行业标杆企业，最后对青蒿素行业发展前景做出预测，给出针对青蒿素行业发展的独家建议和策略，对我国青蒿素产业发展提供了可供参考的具有借鉴意义的发展建议。产业的发展需要更多地涉及微生物基础知识及微生物遗传改造、微生物合成等方面人才及相关技术，对于学生学习微生物课程是一种引导和鞭策。

2. 科学往往来自偶然的发现

（1）目前世界上最大细菌的发现

据报道，这种细菌发现于加勒比海的一个红树林沼泽中。不得不说，加勒比海确实藏着很多秘密。2009 年的时候，在北美洲加勒比海小安的列斯群岛中部的瓜德罗普（法国一个海外省）的小岛上，科学家就发现了当时最巨大的细菌，其长度达到了 1 cm，因此，这种细菌也可以意译为汉语，也就是华丽硫珠菌。

2022 年海洋生物学教授 Olivier Gros 将他取来的沼泽水样本倒进培养皿中的时候，就看到了这个细菌。据他描述，当时在培养皿中，他看到了细小的白色粉丝状物体漂在树叶和泥土上。

当时，他万万没有想到自己看到的竟然是一种巨型细菌的单独个体。在经过荧光、X 射线、电子显微镜和基因组测序等多种手段进行研究和分析后，研究人员才不得不承认，这就是一种巨大的单细胞细菌。

（2）产丝嗜盐古菌的发现

以往对于嗜盐古菌的平板形态描述，都是细菌形态。2012 年刘冰冰在读硕士阶段从七角井盐田沉积物中获得一株具有明显菌丝分化现象的嗜盐古菌 YIM 93972，分类地位为盐杆菌纲、盐杆菌目、盐杆菌科的潜在新属。通过化学鉴定及形态分析，该菌株具有典型的古菌细胞化学结构特征，同时在形态上具有典型放线菌菌丝分化特征。当时嗜盐古菌的细菌形态是一条准则，但是刘冰冰敢于提出"是否也有产丝形态的嗜盐古菌呢？"并且敢于尝试采用不同的方法去验证，最终证明确实有产丝形态的嗜盐古菌的存在。而且后续的发现证明，有很多不同的产丝嗜盐古菌菌株在系统进化树上构成一个大的分支。但是仍然属于嗜盐古菌的类群中。这一类群的发现离不开发现者不懈的努力，以及敢于发现、敢于提问、敢于创新的精神。

原核微生物课程作为一门专业课程，具有重要的思政教育意义。通过案例分析，可以深入了解思政教育在该课程中的具体应用，培养学生的科学精神、环境意识和社会责任感。因此，在原核微生物课程中加强思政教育的实践应用，对学生的综合素质提高具有积极的促进作用。

第四节 多元化教学模式
原核微生物教学策略分析

一、多元化教学模式介绍

在当今多元化的教学环境中，教师不断探索各种教学模式，以满足学生不同的学习需求。原核微生物作为生物学的重要组成部分，其教学策略也需要与时俱进。

首先，多元化教学模式强调学生参与和主动学习的重要性。在原核微生物教学中，教师可以采用小组合作学习的方式，让学生在小组中合作解决问题。通过这种模式，学生可以互相交流和分享自己的思考，不仅提高了学生的学习效果，还培养了他们的团队合作能力和沟通能力。此外，教师还可以设计一些案例分析或实验操作，让学生亲身参与其中，通过实践来增强对原核微生物知识的理解。

其次，多元化教学模式还鼓励教师利用技术手段来辅助教学。原核微生物这一学科与实验和观察密切相关，因此教师可以借助现代科技设备，如显微镜和计算机软件等，让学生亲自观察和研究原核微生物。通过观察原核微生物的形态、结构和特征，学生可以更加直观地理解其生物学特性。此外，教师还可以利用多媒体教学资源，如教学视频、网络课件等，来呈现原核微生物的知识内容，使学生在视听上得到更全面的学习体验。

最后，多元化教学模式也强调个性化教学的重要性。每个学生的学习能力和学习方式都不尽相同，因此教师需要根据学生的需求和特点，灵活地调整教学策略。在原核微生物教学中，教师可以根据学生的兴趣和学习能力，设计个性化的学习任务。例如，对于对原核微生物感兴趣的学生，可以提供更深入的学习材料和挑战性的问题，以激发他们的学习热情和动力。对于学习困难的学生，教师可以采用分层教学的方式，提供更简单和易理解的教学内容，以帮助他们更好地理解和掌握原核微生物知识。

多元化教学模式下的原核微生物教学策略具有很大的优势。通过小组合作学习、技术辅助教学和个性化教学等方式，教师可以更好地满足学生的学习需求，提高他们的学习效果和学习兴趣。不过，教师在实施这些教学策略时也需要注意合理安排和评估学生的学习成果，以确保教学目标的实现。相信在多元化教学模式的指导下，原核微生物教学将迎来更加丰富多样的发展。

二、多元化教学策略分析

原核微生物是一类非常重要的微生物群体，其在生态系统中起着至关重要的作用。然而，在传统的教学模式下，原核微生物的教学往往受到了一些限制，导致学生对于原核微生物的认知和理解程度有限。因此，通过分析多元化教学模式下的原核微生物教学策略，寻找一种更加有效的教学方法，以提高学生对原核微生物的学习成果。

多元化教学模式是一种能够满足不同学生学习需求的教学方法。它强调个性化教学，充分考虑学生的差异性，通过提供不同的教学资源和策略来满足学生的学习需求。多元化教学模式可以帮助学生更好地理解和掌握知识，提高学习效果。在教学过程中，在微生物的原核生物内容讲述方面，一定要致力于培养学生对微生物的浓厚兴趣，可以通过一些视频、图片来展示跟原核生物相关的案例，并对案例进行问题导入，激发学生的讨论热情。

（一）实践性学习

原核微生物的特点决定了它们的研究需要一定的实验和观察技巧。因此，将实践性学习纳入原核微生物教学中，可以增强学生对于原核微生物的理解和实践能力。例如，组织学生参观微生物相关实验室，并讲解相关仪器设备的用途。通过观摩研究生的显微镜操作观察大肠杆菌的形态、OD值测定及 API 相关活性检测，初步了解微生物的研究方法及相对应的微生物形态、生长变化及生理生化特性。同时鼓励学生能够再进入实验室，从事相关微生物科学研究。

（二）群组合作学习

原核微生物的研究需要合作和交流，因为它们往往存在于复杂的生态系统中。通过组织学生进行群组合作学习，可以促进学生之间的合作和交流，提高学生对原核微生物的研究理解和能力。

（三）多媒体教学

多媒体教学可以通过图像、视频等方式展示原核微生物的形态、生理特点和研究成果。通过多媒体教学，可以更加生动地展示原核微生物的研究内容，提高学生对原核微生物的兴趣和理解。

巴斯德通过实地考察发现，蚯蚓活动使得埋在土壤深处的炭疽芽孢转运到地表，使得芽孢借机再次扩散感染。此外，芽孢本身的生存能力极强，当死尸中含有炭疽杆菌的血液和体液流入土壤后，一旦遇到空气，炭疽杆菌便会形成芽孢存活长达数十年之，直到遇到新的宿主再次传播。

学生通过多元化教学方式的融入，让学生从多个角度感知原核微生物的世界及微观结构，结合历史事件，提高学生对于原核微生物的认知。同时对学生多进行的视觉冲击、心理冲击所带来的震撼，激励了学生对于学习微生物的信心。结合现今科学研究微生物形态的前沿发现，Science上报道的现今世界发现的最长的原核微生物；让学生对微生物产生浓厚的兴趣，下课时间纷纷跟教师进行沟通。实践环节方面，让学生自己去采集相关样品，带到实验室中，通过演练，学会正确使用显微镜，结合所学理论知识，在光学显微镜视角下，观察环境中的微生物，并描绘出微生物的形状。通过参观电子显微镜演示观察微生物（放线菌、芽孢杆菌、梭菌等）的显微结构，结合理论知识，更直观地了解了微生物的结构特征。多元化的教学模式加深了学生的理论知识的学习，通过实践关节更是直观化地加深各种理论知识点的理解。使学生对微生物学产生浓厚的兴趣。

第五章　真核微生物的形态、构造和功能教学

第一节　真核微生物基础知识及重点知识梳理

一、真核微生物概述

真核微生物是一大类细胞核具有核膜，能进行有丝分裂，细胞质中存在线粒体或同时存在叶绿体等多种细胞器的生物，真菌、显微藻类和原生动物等是属于真核生物类的微生物，故称为真核微生物。

真核细胞与原核细胞相比，形态更大，结构更为复杂，细胞器的功能更为专一。它们已发展出许多由膜包围着的细胞器，有核膜包裹着的完整细胞核，内有染色体，其双链 DNA 长链已与组蛋白等蛋白质密切结合，以更完善地执行生物的遗传功能。

二、真核微生物的主要类群

真核微生物主要包括菌物界中的真菌、黏菌、假菌，植物界中的显微藻类和动物界中的原生动物。

"菌物界"这个名词是我国学者裘维蕃等于 1990 年提出的，并已得到学术界的一定支持，这是指与动物界、植物界相并列的一大群无叶绿素、依靠细胞表面吸收有机养料、细胞壁一般含有几丁质的真核微生物，一般包括真菌、粘菌和假菌（卵菌等）3 类。

真菌是最重要的真核微生物，其特点是：①无叶绿素，不能进行光合作用；②一般具有发达的菌丝体；③细胞壁多数含几丁质；④营养方

式为异养吸收型；⑤以产生大量无性和（或）有性孢子的方式进行繁殖；⑥陆生性较强。

三、真核微生物的细胞构造

（一）细胞壁

1. 真菌的细胞壁

真菌细胞壁主要成分是多糖，另有少量的蛋白质和脂类。多糖构成了细胞壁中有形的微纤维和无定形基质的成分。微纤维都是单糖的 β (1-4) 聚合物，包括甘露聚糖、葡聚糖和少量蛋白质。低等真菌的细胞壁成分以纤维素为主，酵母菌以葡聚糖为主，而高等陆生真菌则以几丁质为主。即使同一真菌，在其不同生长阶段中，细胞壁的成分也有明显不同。细胞壁具有固定细胞外形和保护细胞免受外界不良因子的损伤等功能。

2. 藻类的细胞壁

藻类的细胞壁厚度一般为 10～20 nm，有的仅为 3～5 nm。多由纤维素组成，以微纤丝的方式层状排列，含量占干重的 50%～80%，其余部分为间质多糠，间质多糖主要是杂多糖。

（二）鞭毛与纤毛

某些真核微生物细胞表面长有或长或短的毛发状、具有运动功能的细胞器，其中形态较长（150～200 μm）、数量较少者称鞭毛，而较短（5～10 μm）、数量较多者则称纤毛，与原核生物的鞭毛功能相同，但在构造、运动机制等方面却差别极大。

鞭毛与纤毛的构造基本相同，都由伸出细胞外的鞭杆、嵌埋在细胞质膜上的基体以及把这两者相连的过渡区共 3 部分组成。鞭杆的横切面呈 "9＋2" 型，即中心有一对包在中央鞘中的相互平行的中央微管，其外被 9 个微管二联体围绕一圈，整个微管由细胞质膜包裹。每条微管二联体由 A、B 两条中空的亚纤维组成，其中 A 亚纤维是一完全微管，即每因由 13 个球形微管蛋白亚基环绕而成，而 B 亚纤维则是由 10 个亚基围成，所缺的 3 个亚基与 A 亚纤维共用。A 亚纤维上伸出内外 2 条动力蛋白臂，它是一种能被 Ca^{2+} 和 Mg^{2+} 激括的 ATP 酶，可水解 ATP 以释放供鞭毛运动的能量。通过动力蛋白臂与相邻的微管二联体的作用，可使鞭毛作弯曲运动。在相邻微管二联体间有微管连丝蛋白相连。此外，在每条微管二联体上还有伸向中央微管的放射辐条。基体的结构与鞭杆接近，直径约 $120\sim170~\mu m$，长约 $200\sim500~\mu m$，在电镜下其横切面呈"9+0"型，且其外围是 9 个三联体，中央则没有微管和鞘。

具有鞭毛的真核微生物有鞭毛纲的原生动物、藻类和低等水生真菌的游动孢子或配子等；具有纤毛的真核微生物主要是属于纤毛纲的各种原生动物。

（三）细胞核

细胞核是细胞遗传信息的贮存、复制和转录的主要部位。一切真核细胞都有外形固定（呈球状或椭圆体状）、有核膜包裹的细胞核。每个细胞一般只含一个细胞核，有的有两个或多个。真菌的菌丝顶端细胞中，常找不到细胞核。真核生物的细胞核由核被膜、染色质、核仁和核基质等构成。染色体的形状较小，数目各不相同。

（四）细胞质和细胞器

位于细胞质膜和细胞核间的透明、黏稠、不断流动并充满各种细胞器的溶胶，称为细胞质。

1. 细胞基质和细胞骨架

在真核细胞中，除细胞器以外的胶状溶液，称细胞基质或细胞溶胶，内含赋予细胞以一定机械强度的细胞骨架和丰富的酶等蛋白质、各种内含物以及中间代谢物等，是细胞代谢活动的重要基地。

细胞骨架是由微管、肌动蛋白丝（微丝）和中间丝 3 种蛋白质纤维构成的细胞支架，具有支持、运输和运动等功能。

2. 内质网和核糖体

内质网指细胞质中一个与细胞基质相隔离、但彼此相通的囊腔和细管系统，它由脂质双分子层围成。其内侧与核被膜的外膜相通。内质网有两类，它们间相互连通。其一是在膜上附有核糖体颗粒，称糙面内质网，具有合成和运送胞外分泌蛋白的功能；另一为膜上不含核糖体的光面内质网，它与脂类和钙代谢等密切相关，主要存在于某些动物细胞中。

核糖体又称核蛋白体，是存在于一切细胞中的无膜包裹的颗粒状细胞器，具有蛋白质合成功能，直径 25 nm，由约 40％蛋白质和 60％RNA 共价结合而成。蛋白质位于表层 RNA 位于内层。每个细胞中核糖体数量差异很大（102～107），不但与生物种类有关，更与其生长状态有关。真核细胞的核糖体比原核细胞的大，其沉降系数一般为 80S，它由 60S 和 40S 的 2 个小亚基组成。核糖体除分布在内质网和细胞质中外，还存在于线粒体和叶绿体中，但在那里都是一些与原核生物相同的70S 核糖体。

3. 高尔基体

高尔基体又称高尔基复合体，是一种由 4～8 个平行堆叠的扁平膜囊和大小不等的囊泡所组成的膜聚合体，其上无核糖体。功能是将糙面内质网合成的蛋白质进行浓缩，并与自身合成的糖类、脂类结合，形成糖蛋白、脂蛋白分泌泡，通过外排作用分泌到细胞外，是协调细胞生化功能和沟通细胞内外环境的重要细胞器。在真菌中，仅腐霉属等少数低等种类中发现有高尔基体。

4. 溶酶体

溶酶体是一种由单层膜包裹、内含多种酸性水解酶的小球形（直径 $0.2～0.5\ \mu m$）、囊泡状细胞器，主要功能是细胞内的消化作用，含 40 种以上的酸性水解酶，因其最适 pH 值均在 5 左右。

5. 微体

微体是一种由单层膜包裹的、与溶酶体相似的小球形细胞器，但其内所含的酶与溶酶体的不同，主要是氧化酶和过氧化氢酶，又称过氧化物酶体，其功能可使细胞免受 H_2O_2 毒害，并能氧化分解脂肪酸等。

6. 线粒体

线粒体是进行氧化磷酸化反应的重要细胞器，其功能是把蕴藏在有机物中的化学潜能转化成生命活动所需能量，故是一切真核细胞的"动力车间"。

光镜下，典型线粒体外形和大小酷似一杆菌，直径一般为 $0.5\sim1.0\ \mu m$，长度约 $1.5\sim3\ \mu m$，每个细胞所含数目通常为数百至数千个，也有更多的。

线粒体的外形呈囊状，构造十分复杂，由内外两层膜包裹，囊内充满液态的基质。外膜平整，内膜则向基质内伸展，从而形成了大量由双层内膜构成的嵴。低等真菌中，含有与高等植物和藻类的线粒体相似的管状嵴；较高等的真菌（接合菌、子囊菌、担子菌）中，多为板状嵴，嵴的存在极大地扩展了内膜进行生物化学反应的面积。

基粒或 F1 颗粒，着生于线粒体的内膜表面，为一个带柄的、直径约为 8.5 nm 的球形小体，即 ATP 合成酶复合体，每个线粒体内约含 $104\sim105$ 个。由头（F1）、柄和嵌入内膜的基部（F_0）3 部分组成。内膜上还有 4 种脂蛋白复合物，它们都是电子传递链（呼吸链）的组成部分。内外膜间的空间即膜间隙，内中充满着含各种可溶性酶、底物和辅助因子的液体。内膜和嵴包围的空间即基质，含三羧酸循环的酶系，并含有一套为线粒体所特有的闭环状 DNA 链（在真菌中长约 $19\sim26\ \mu m$）和 70S 核糖体，用以合成一小部分（约 10%）专供线粒体自身所需的蛋白质。

7. 叶绿体

叶绿体是一种由双层膜包裹、能转化光能为化学能的绿色颗粒状细胞器，只存在于绿色植物（包括藻类）的细胞中，具有进行光合作用——把 CO_2 和 H_2O 合成葡萄糖并释放 O_2 的重要功能。叶绿体的多为扁平的圆形或椭圆形，略呈凸透镜状，但在藻类中叶绿体的形态变化很大，螺旋带状，板状或星状的。叶绿体的平均直径约 $4\sim6\ \mu m$，厚度约 $2\sim3\ \mu m$。

叶绿体的构造:叶绿体膜或称外被、类囊体和基质。叶绿体膜又分外膜、内膜和类囊体膜 3 种,并由此使内部空间分隔为膜间隙(外膜与内膜间)、基质和类囊体腔 3 个彼此独立的区域。

叶绿体膜是控制代谢物质进出叶绿体的渗透屏障。在叶绿体的胶状基质中,含有独特的 70S 核糖体、双链环状 DNA 及 RNA、淀粉粒和核酮糖二磷酸羧化酶等蛋白质成分。类囊体是位于基质中由单位膜封闭而成的扁平小囊,数量很多,彼此连通。高等植物中类囊体已发展成基粒的形式,它是由许多类囊体层层相叠而成。在类囊体膜上,分布着大量的光合色素(叶绿素和若干辅助色素)和电子传递体。

叶绿体在形态、构造和进化上都与线粒体有许多惊人相似之处,尤其是在基质内还含有自身特有的环状 DNA 和本为原核生物才有的 70S 核糖体,从而能满足合成自身的部分特需蛋白质。因此,与线粒体一样,叶绿体是真核细胞中的半自主性复制的细胞器。

8. 液泡

液泡存在于真菌和藻类等真核微生物细胞中的细胞器,由单位膜分隔,其形态、大小受细胞年龄和生理状态而变化,老龄细胞中液泡大而明显。在真菌的液泡中,主要含糖原、脂肪和多磷酸盐等贮藏物,精氨酸、鸟氨酸和谷氨酰胺等碱性氨基酸,以及蛋白酶、酸性和碱性磷酸酯酶、纤维素酶和核酸酶等各种酶类。液泡不仅有维持细胞的渗透压和贮存营养韧的功能,而且还有溶酶体的功能。

9. 膜边体

膜边体又称须边体或质膜外泡,为许多真菌所特有。它是一种位于菌丝细胞四周的质膜与细胞壁间、由单层膜包裹的细胞器。形态呈管状、囊状、球状、卵圆状或多层折叠膜状,其内含泡状物或颗粒状物。膜边体可由高尔基体或内质网的特定部位形成,各个膜边体能互相结合,也可与别的细胞器或膜相结合,功能可能与分泌水解酶或合成细胞壁有关。

10. 几丁质酶体

几丁质酶体又称壳体，一种活跃是各种真菌菌丝体顶端细胞中的微小泡囊，直径 40～70 nm，内含几丁质合成酶，其功能是把其中所含的酶源源不断地运送到菌丝尖端细胞壁表面，使该处不断合成几丁质微纤维，从而保证菌丝不断向前延伸。

11. 氢化酶体

氢化酶体是一种由单层膜包裹的球状细胞器，内含氢化酶、氧化还原酶、铁氧还蛋白和丙酮酸。通常存在于鞭毛基体附近，为其运动提供能量。氢化酶体只存在于厌氧性的原生动物和厌氧性真菌（已有 20 余种）中。

第二节　酵母菌

酵母菌是一个通俗名称，一般泛指能发酵糖类的各种单细胞真菌。由于不同的酵母菌在进化和分类地位上的异源性，因此很难对酵母菌下一个确切的定义，通常认为，酵母菌具有以下 5 个特点：①个体一般以单细胞状态存在；②多数营出芽繁殖；③能发酵糖类产能；④细胞壁常含甘露聚糖；⑤常生活在含糖量较高、酸度较大的水生环境中。

一、分布及与人类的关系

在自然界酵母菌分布很广，主要生长在偏酸的含糖环境中。是人类的"第一种家养微生物"。可生产核酸、麦角甾醇、辅酶 A、细胞色素 C、凝血质、维生素和单细胞蛋白等各种有益产品，有少数酵母菌能引起人或一些动物的疾病。

二、细胞的形态和构造

其细胞直径约为细菌的 10 倍，是典型的真核微生物。细胞形态通常有球状、卵团状、椭圆状、柱状和香肠状等。最典型和重要的酵母菌是酿酒酵母，细胞大小为 $2.5^{-10} \times 4.5^{-21}$ μm。形态构造如图 5－1 所示。

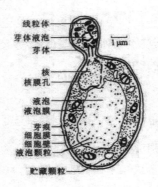

图 5－1　酵母菌细胞构造的模式图

（一）细胞壁

细胞壁厚约 25 nm，重量达细胞干重 25％，主要成分为"酵母纤维素"，呈三明治状：外层为甘露聚糖，内层为葡聚糖，都是分枝状聚合物，中间夹着一层蛋白质（包括多种酶、如葡聚糖酶、甘露聚糖酶等）。葡聚糖是赋予细胞壁以机械强度的主要成分，在芽痕周围还有少量几丁质成分，酵母菌的细胞壁可由蜗牛消化酶水解，从而形成酵母原生质体；此外，这一酶还可用于水解酵母菌的子囊壁，以释放其中的子囊孢子。

（二）细胞膜

由 3 层结构组成，主要成分为蛋白质（约 50％），类脂（约 40％）和少量糖类。酵母菌细胞膜上含有丰富的维生素 D 的前体——麦角甾醇，经紫外线照射后转化成维生素 D_2。

（三）细胞核

酵母菌有由多孔核膜包裹起来的定型细胞核。用相差显微镜可见到活细胞内的核，如用碱性品红或姬姆萨染色法对固定后的酵母菌细胞染色，可以观察到核内的染色体。细胞核是其遗传信息的主要贮存库，S. cerevisiae 基因组有 17 条染色体。

另外，酵母菌线粒体、$2\mu m$ 质粒及少数酵母菌线状质粒中也含有 DNA。酵母菌线粒体 DNA 呈环状，相对分子质量为 5.0×10^7，比高等动物的大 5 倍，约占细胞总 DNA 量的 $15\% \sim 23\%$。$2\mu m$ 质粒是在 S. cerevisiae 中被发现的一个闭合环状超螺旋 DNA 分子，长约 $2\ \mu m$。一般每个细胞含 $60 \sim 100$ 个，占总 DNA 量的 3%。它的复制受核基因组控制，$2\ \mu m$ 质粒的生物学功能不清楚，可用于研究基因调控、染色体复制的理想系统，酵母菌转化的有效载体，并由此组建"工程菌"。

（四）其他构造

在成熟的酵母菌细胞中有一个大型的液泡，在有氧条件下，细胞内会形成许多杆状或球状的线粒体，若生长在缺氧条件下，则只能形成无嵴的、没有氧化磷酸化功能的线粒体。

三、酵母菌的繁殖方式和生活史

酵母菌繁殖方式多样，它对科学研究、菌种鉴定和菌种选育工作十分重要，有人把只进行无性繁殖的酵母菌称为"假酵母"或"拟酵母"，而把具有有性生殖的酵母菌称为真酵母。

（一）无性繁殖

1. 芽殖

芽殖是酵母菌最常见的一种繁殖方式。在良好的营养和生长条件下，酵母菌生长迅速，几乎所有的细胞上部长出芽体，而且芽体上还可形成新的芽体，于是就形成了呈簇状的细胞团。当它们进行一连串的芽殖后，如果长大的子细胞与母细胞不立即分离，其间仅以狭小的面积相连，则这种藕节状的细胞串就称为假菌丝，相反，如果细胞相连，且其间的横隔面积与细胞直径一致。则这种竹节状的细胞串就称为真菌丝。

芽体又称芽孢子，在其形成时，先在母细胞将要形成芽体的部位，通过水解酶的作用使细胞壁变薄，大量新细胞物质包括核物质在内的细胞质堆积在芽体的起始部位上，待逐步长大后，就在与母细胞的交界处形成一块由葡聚糖、甘露聚糖和几丁质组成的隔壁。成熟后，两者分离，于是在母细胞上留下一个芽痕，而在于细胞上相应地留下了一个蒂痕。任何细胞上的蒂痕仅一个，而芽痕有一至数十个，根据它的多少还可测定该细胞的年龄。

2. 裂殖

少数酵母菌如裂殖酵母属种类具与细菌相似的二分裂繁殖方式。

3. 产生无性孢子

少数酵母菌如掷孢酵母属可在卵圆形营养细胞上长出小梗，其上产生肾形的掷孢子。孢子成熟后，通过一种特有的喷射机制将孢子射出。故用倒置培养皿培养掷孢酵母，待其形成菌落后，可在皿盖上见到由射出的掷孢子组成的模糊菌落"镜像"，有的酵母菌如等在假菌丝顶端产生具厚壁的厚垣孢子。

（二）有性繁殖

酵母菌以形成子囊和子囊孢子的方式进行有性繁殖。一般通过邻近两个形态相同而性别不同的细胞各自伸出一根管状的原生质突起相互接触、局部融合并形成一条通道，再通过质配、核配和减数分裂形成 4 或 8 个子核，然后它们各自与周围的原生质结合在一起，再在表面形成一层孢子壁，这样子囊孢子就成熟了，而原有的营养细胞则成了子囊。

（三）酵母菌的生活史

酵母菌的生活史又称生命周期，指上一代生物个体经一系列生长、发育阶段而产生下一代个体的全部过程。不同酵母菌的生活史可分为以下 3 类。

1. 营养体既能以单倍体也能以二倍体形式存在

S. cerevisiae 是这类生活史的代表。其特点为：①一般情况下都以营养体状态进行出芽繁殖；②营养体既能以单倍体（n）形式存在，也能以倍体（2n）形式存在：③在特定的条件下才进行有性繁殖（图 5-2）。

其生活史为：①子囊孢子在合适的条件下发芽产生单倍体营养细

胞；②单倍体营养细胞不断地进行出芽繁殖；③两个性别不同的营养细胞彼此接合，在质配后即发生核配，形成二倍体营养细胞；④二倍体营养细胞不进行核分裂，而是不断进行出芽繁殖；⑤在以醋酸盐为唯一或主要碳源，同时又缺乏氮源等特定条件下，二倍体营养细胞最易转变成子囊，这时细胞核才进行减数分裂，并随即形成4个子囊孢子；⑥子囊经自然或人为破壁后，可释放出其中的子囊孢子。

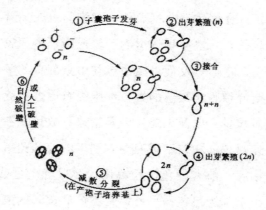

图 5—2　S. cerevisiae（酿酒酵母）的生活史

2. 营养体只能以单倍体形式存在

八孢裂殖酵母是这一类型生活史的代表。特点为：①营养细胞为单倍体；②无性繁殖为裂殖；③二倍体细胞不能独立生活，故此期极短。整个生活史可分为5个阶段：①单倍体营养细胞借裂殖方式进行无性繁殖；②两个营养细胞接触后形成接合管，发生质配后即行核配，于是两个细胞连成一体；③二倍体的核分裂3次，第一次为减数分裂；④形成8个单倍体的子囊孢子；⑤子囊破裂，释放子囊孢子。

3. 营养体只能以二倍体形式存在

路德类酵母是这类生活史的典型。其特点为：①营养体为二倍体，不断进行芽殖，此阶段较长；②单倍体的子囊孢子在子囊内发生接合；③单倍体阶段仅以子囊孢子的形式存在，不能进行独立生活。其生活史为：①单倍体子囊孢子在孢子囊内成对接合，并发生质配和核配；②接合后的二倍体细胞萌发，穿破子囊壁；③二倍体的营养细胞可独立生活，通过芽殖方式进行无性繁殖；④在二倍体营养细胞内的核发生减数分裂，故营养细胞成为子囊，其中形成 4 个单倍体子囊孢子。

四、酵母菌的菌落

典型的酵母菌都是单细胞真核微生物，细胞间没有分化。与细菌相比，其细胞粗而短。在固体培养基表面，细胞间也充满着毛细管水，故其菌落与细菌的相仿，一般呈现较湿润、较透明，表面较光滑，容易挑起，菌落质地均匀，正面与反面以及边缘与中央部位的颜色较一致等特点。但由于酵母菌的细胞比细菌的大，细胞内有许多分化的细胞器，细胞间隙含水量相对较少，以及不能运动等特点，故反映在宏观上就产生了较大、较厚、外观较稠和较不透明等有别于细菌的菌落。酵母菌菌落的颜色也有别于细菌，前者颜色比较单调，多以乳白色或矿灿色为主，只有少数为红色，个别为黑色。另外，凡不产假菌丝的酵母菌，其菌落更为隆起，边缘极为圆整；然而，会产生大量假菌丝的酵母菌、则其菌落较扁平，表面和边缘较粗糙。此外，酵母菌的菌落，由于存在酒精发酵，一般还会散发出一股悦人的酒香味。

第三节 霉菌

霉菌是丝状真菌的一个俗称，意即"会引起物品霉变的真菌"，通常指那些菌丝体较发达又不产生大型肉质子实体结构的真菌。

一、分布及与人类的关系

霉菌分布极其广泛，只要存在有机物就有它们的踪迹。在自然界中扮演着最重要的有机物分解者的角色，从而把其他生物难以分解利用的数量巨大的复杂有机物如纤维素和木质素等彻底分解转化，成为绿色植物可以重新利用的养料，促进了整个地球上生物圈的繁荣发展。

霉菌对工农业生产、医疗实践、环境保护和生物学基础理论研究等方面都有着密切的关系。①工业上的有机酸，酶制剂，抗生素，维生素，生物碱，真菌多糖等的生产；生物防治、污水处理和生物测定等方面的应用。②在食品制造方面。③在基础理论研究方面，如粗糙脉孢菌等。④引起工农业产品霉变。⑤是植物最主要的病原菌。⑥引起动物和人体传染病和其他疾病。

二、细胞的形态和构造

（一）菌丝及其延伸过程

霉菌营养体的基本单位是菌丝，其直径通常为 $3 \sim 10 \ \mu m$，与酵母菌相似。根据菌丝中是否存在隔膜，可把霉菌菌丝分为无隔菌丝和有隔菌丝两大类，前者为一些毛霉属和根霉属等低等真菌所具有，后者为曲霉属和青霉属等高等真菌所具有。

霉菌菌丝细胞构造与酵母菌类似。但其生长是由菌丝顶端细胞不断延伸而实现的。随着顶端不断向前伸展，细胞壁和细胞质的形态、成分都逐渐变化、加厚并趋向成熟。在菌丝顶端的延伸区和硬化区中，细胞壁的内层是几丁质，外层为蛋白质；在亚顶端部位即次生壁形成区，由内至外分别为几丁质层、蛋白质层和葡聚糖蛋白网层；在成熟区，由内至外相应地为几丁质层、蛋白质层、葡聚糖蛋白网层和葡聚糖层；最后就是隔膜区，它是由菌丝内壁向内延伸而成的环片状构造。隔膜还有多种其他形状：封闭状环，单孔状，呈多孔状。

（二）菌丝体及其各种分化形式

霉菌孢子落在适宜的基质上后，发芽生长并产生菌丝。由许多菌丝相互交织而成的一个菌丝集团称菌丝体。密布在固体营养基质内部，主要执行吸取营养物功能的菌丝体，称营养菌丝体；而伸展到空间的菌丝体，则称气生菌丝体，它们有各自的特化的构造。

1. 营养菌丝体的特化形态

（1）假根

假根是根霉属等低等真菌匍匐菌丝与固体基质接触处分化出来的根状结构，具有固着和吸取养料等功能（5—3）。

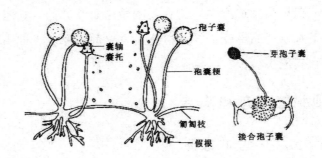

图 5—3　根霉的形态和构造

（2）匍匐菌丝

匍匐菌丝又称匍匐枝，毛霉目真菌在固体基质上常形成与表面平行、具有延伸功能的菌丝，称匍匐菌丝。

（3）吸器

吸器由几类专性寄生真菌的一些种所产生。吸器是一种只在宿主细胞间隙间蔓延的营养菌丝上分化出来的短枝，它可侵入细胞内形成指状、球状或丝状的构造，用以吸取宿主细胞内的养料而不使其致死。

（4）附着胞

许多寄生于植物的真菌在其芽管或老菌丝顶端会发生膨大，分泌粘状物，借以牢固地黏附在宿主的表面，此即附着胞，在其上再形成纤细的针状感染菌丝，以侵入宿主的角质表皮而吸取养料。

（5）附着枝

若干寄生真菌由菌丝细胞生出 1～2 个细胞的短枝，将菌丝附着于宿主体上，此即附着枝。

（6）菌核

菌核是一种形状、大小不一的休眠菌丝组织，在不良外界条件下，可保存数年生命力。菌核形状有大有小，菌核的外层色深、坚硬，内层疏松，大多呈白色。

（7）菌索

菌索一般由伞菌产生，为白色根状菌丝组织，功能为促进菌体蔓延和抵御不良环境。通常可在腐朽的树皮下和地下发现。

（8）菌环和菌网

捕虫菌目和一些半知菌的菌丝常会分化成圈环或网状的特化菌丝组织，用以捕捉线虫或其他微小动物，然后进一步从这类环或网上生出菌丝侵入线虫等体内，吸收养料。

2．气生菌丝体的特化形态

气生菌丝体主要特化成各种形态的子实体，子实体是指在其里面或上面可产无性或有性孢子，有一定形状和构造的任何菌丝体组织。

（1）结构简单的子实体

产生无性孢子的简单子实体有几种类型。曲霉属或青霉属等的分生孢子头或分生孢子穗，如图5－4所示，毛霉等的孢子囊，产有性孢子的简单子实体如担子菌的担子。

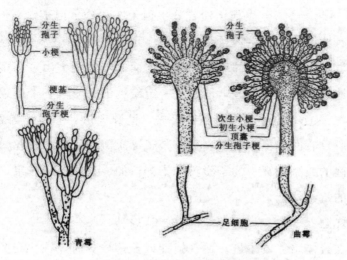

图5－4　青霉和曲霉的分生孢子头

（2）结构复杂的子实体

产无性孢子的结构复杂的子实体有分生孢子器、分生孢子座和分生孢子盘等。分生孢子器是一个球形或瓶形结构，在其内壁表面或底部长有极短的分生孢子梗，梗上产分生孢子（图5—5左）。另有很多真菌，其分生孢子梗紧密聚集成簇，分生孢子长在梗的顶端，形成垫状，称分生孢子座（图5—5中），它是瘤座孢子科真菌的共同特征。而分生孢子盘则是一种在宿主的角质层或表皮下，由分生孢子梗簇生在一起而形成的盘状结构，有时其中还夹杂着刚毛（图5—5右）。

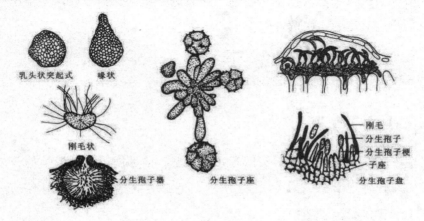

图5—5　分生孢子器、分生孢子座和分生孢子盘

能产有性孢子的、结构复杂的子实体，称为子囊果。在子囊和子囊孢子发育过程中，从原来的雌器和雄器下面的细胞上生出许多菌丝，它们有规律地将产囊菌丝包围，形成有一定结构的子囊果。子囊果按其外形可分3类：①闭囊壳，为完全封闭式，呈圆球形，它是不整囊菌纲，例如部分所具有的特征；②子囊壳，其子囊果似烧瓶形，有孔口，它是核菌纲真菌的典型特征；③子囊盘，指开口的、盘状的子囊果，它是盘菌纲真菌的特有构造。

3. 菌丝体在液体培养时的特化形态

真菌在液体培养基中进行通气搅拌或振荡培养时，往往会产生菌丝球的特殊构造。这时，菌丝体相互紧密纠缠形成颗粒，均匀地悬浮于培养液中，有利于氧的传递、营养物和代谢产物的输送，对菌丝的生长和代谢产物形成有利。

三、真菌的孢子

真菌的繁殖能力极强，主要通过产生大量的无性孢子或有性孢子来完成。真菌孢子的特点是小、轻、干、多、形态色泽各异、休眠期长和有较强的抗逆性。孢子的形态有球形、卵形、椭圆形、肾形、线形、礼帽形、土星形、针形和镰刀形等。每个个体产生的孢子数极多，从数百个至数千亿个都有。孢子的这些特点都有助于它们在自然界中的散播和生存。但对人类来说，既有造成杂菌污染，工农业产品霉变和传播动、植物病害等的不利影响，也有利于接种、扩大培养，以及菌种的选育、鉴定和保藏等的作用。

四、霉菌的菌落

菌落形态较大，质地硫松，外观干燥，不透明，呈现或松或紧的蛛网状、绒毛状、棉絮状或毡状；菌落与培养基间的连接紧密，不易挑取，菌落正面与反面的颜色、构造，以及边缘与中心的颜色、构造常不一致等，菌落的这些特征都是细胞（菌丝）特征在宏观上的反映。由于霉菌的细胞呈丝状，在固体培养基上生长时又有营养菌丝和气生菌丝的分化，而气生菌丝间没有毛细管水，故它们的菌落必然与细菌或酵母菌的不同，较接近放线菌。

菌落正反面颜色呈现明显差别，其原因是由气生菌丝分化出来的子实体和孢子的颜色往往比深入在固体基质内的营养菌丝的颜色深；菌落中心与边缘的颜色、结构不同的原因，则是因为越接近菌落中心的气生菌丝其生理年龄越大，发育分化和成熟也越早，故颜色比菌落边缘尚未分化的气生菌丝要深，结构也更为复杂。

第四节 蕈菌

一、蕈菌的概念

蕈菌又称伞菌，也是一个通俗名称，通常是指那些能形成大型肉质籽实体的真菌，包括大多数担子菌类和极少数的子囊菌类。从外表来看，蕈菌不像微生物，因此，过去一直是植物学的研究对象，但从其进化历史、细胞构造、早期发育特点、各种生物学特性和研究方法等多方面来考察，都可证明它们与其他典型的微生物——显微真菌却完全一致。事实上，若将其大型子实体理解为一般真菌菌落在陆生条件下的特化与高度发展形势，则蕈菌就与其他真菌无异了。

蕈菌广泛分布于地球各处，在森林落叶地带更为丰富，与人类的关系密切，其中可供食用的种类就有 2000 种，目前已利用的食用菌约有 400 种，其中约 50 种已能进行人工栽培。少数有毒或引起木材朽烂的种类则对人类有害。

二、蕈菌的发育阶段与过程

在蕈菌的发育过程中，其菌丝的分化可明显地分成 5 个阶段：①形成一级菌丝：担孢子萌发，形成由许多单核细胞构成的菌丝，称一级菌丝；②形成二级菌丝：不同性别的一级菌丝发生接合后，通过质配形成了由双核细胞构成的二级菌丝，它通过独特的"锁状联合"，即形成喙状突起而连合两个细胞的方式不断使双核细胞分裂，从而使菌丝尖端不断向前延伸；③形成三级菌丝：到条件合适时，大量的二级菌丝分化为多种菌丝束，即为三级菌丝；④形成子实体：菌丝束在适宜条件下会形成菌蕾，然后再分化、膨大成大型子实体；⑤产生担孢子：子实体成熟后，双核菌丝的顶端膨大，其中的两个核融合成一个新核，此过程称核配，新核经两次分裂（有一次为减数分裂），产生 4 个单倍体子核，最后在担子细胞的顶端形成 4 个独特的有性孢子，即担孢子。

锁状联合过程：①双核菌丝的顶端细胞开始分裂时，在其两个细胞核间的菌丝壁向外侧生一喙状突起，并逐步伸长和向下弯曲，②两核之一进入突起中；③两核同时进行一次有丝分裂，结果产小 4 个子核；④在 4 个子核中，来自突起中的两核，其一仍留在突起中，另一则进入菌丝尖端；⑤在喙状突起的后部与菌丝细胞交界处形成一个横隔，在第二、三核间也形成一横隔，于是形成了 3 个细胞——一个位于菌丝顶端的双核细胞、接着它的另一个单核细胞和由喙状突起形成的第三个单核细胞；⑥喙状突起细胞的前端与另一单核细胞接触，进而发生融合，接着喙状突起细胞内的一个单核顺道进入，最终在菌丝上就增加了一个双核细胞。蕈菌最大特征是形成形状、大小颜色各异的大型肉质籽实体。典型的蕈菌，其子实体是由菌盖（包括表皮、菌肉和菌褶）、菌柄（常有菌环和菌托）和菌丝体 3 部分组成（图 5－6）。

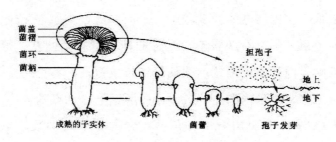

图 5－6 蕈菌的典型构造

从进化角度来分析，蕈菌的籽实体在本质上与一般微生物的菌落类似，是在陆生条件下气生菌丝体发生高度特化和组织化的适应性进化。蕈菌的发育过程有 5 个明显的阶段，其中双核菌丝细胞的增殖方式十分特殊，称为锁状联合。蕈菌种类很多，与人类关系密切，不少种类可食用或药。

对于有毒蘑菇的鉴别，从形态特征出发，总结规律，通过实践总结规律，用规律指导实践；透过现象看本质。通过毒蘑菇的形态特征，对其进行分类。

三、蕈菌的辨别方式

常见的一些毒蘑菇还是可以从它的形状、气味、生长环境等外观上辨别的。鹅膏属：包括白毒伞、致命白毒伞和白毒鹅膏等。多为地生，有菌托或菌托不明显，有的有菌环，菌褶白色。环柄菇类：如铅绿褶菇等。通常长在杂草等腐烂有机物的地上，颜色大多较为鲜艳，菌褶多为白色、浅黄或黄绿色，有明显菌环。粪菇类：如多种斑褶菇、裸盖菇等。一般长在牛马等畜粪上，毒菌的比例相当大，通常以能引起神经型中毒症状为主，也能引起胃肠类型中毒。

一看生长地带。可食用的无毒蘑菇多生长在清洁的草地或松树、栎树上，有毒蘑菇往往生长在阴暗、潮湿的肮脏地带。

二看颜色。有毒蘑菇菌面颜色鲜艳，有红、绿、墨黑、青紫等颜色，特别是紫色的往往有剧毒，采摘后易变色。

三看形状。无毒蘑菇的菌盖较平，伞面平滑，菌面上无轮，下部无菌托，轻摸菌顶，中央有凹状感；有毒的菌盖中央呈凸状，形状怪异，菌面厚实板硬，菌杆上有菌轮，菌托杆细长或粗长，易折断。

四看分泌物。将采摘的新鲜野蘑菇撕断菌秆，无毒的分泌物清亮如水（个别为白色），菌面撕断不变色；有毒的分泌物稠浓，呈赤褐色，撕断后在空气中易变色。

五闻气味。毒蘑菇有土豆或萝卜味。无毒蘑菇为苦杏或水果味。

第五节　教学与实践相结合思路下
教学改革及实践

教育是社会进步的重要支柱，而教学改革及实践则是教育领域关注的热点。随着科技的发展和社会的变革，传统的教学模式面临着许多问题和挑战。

实践类教学可以通过引入真实的微生物实验和观察，让学生亲身参与其中，增强学生对微生物学科的理解和实践能力。微生物教学注重培养学生的探究精神和科学思维，鼓励学生通过实践来掌握知识。另外也可以组织与微生物相关的产业考察活动加深学生对于多学知识用于生产实践的认知。

在实验课中，对酵母菌、霉菌的显微形态观察，可以让学生自己准备所要观察的样品。比如：吃剩的馒头用塑料袋包起来，或者吃的橘子也用塑料袋包裹起来，放置到宿舍中，过 3～5 天带到实验室进行显微镜观察。或者家里蒸馒头用的酵母。

此外，教师还应提供良好的学习环境和资源支持，以激发学生积极参与实践活动。学校可以组织学生参与各种微生物实验和观察活动，如一些高校每年都会组织微生物培养皿大赛，学生可以利用所分离培养的微生物来设计、创作微生物画。学校还可以与研究机构、实验室或企业单位合作，为学生提供实践机会和实习经验。比如：一些高校生物与化学工程学院有啤酒发酵工厂，学生可以去参观啤酒的制作工艺。另外还有很多与酿造相关的校外实习基地，学生可以到实际生产场地进行观摩学习，对啤酒、黄酒的制作及品质检测进行学习，对于学生对理论知识的理解掌握及用所学理论知识解释实践生产遇到的现象、解决相应的问题，对于学生的锻炼是全方位、多角度的。激发学生对微生物学科的兴趣。也能培养适合企业需求的创新型人才。

微生物教学与实践相结合的教学改革及实践对于提高学生的实践能力和科学素养具有重要意义。通过微生物教学，学生能够更好地理解和应用所学知识，培养科学思维和解决问题的能力。因此，在教育改革中应积极推广微生物教学与实践相结合的教学模式，为学生提供更多实践机会和平台，培养他们的实践能力和创新精神。同时，学校和教师也应积极探索和研究更加创新的教学方法和手段，以不断提高教学质量和效果。

　　微生物教学与实践相结合的教学改革也面临一些挑战和困难，教师需要具备丰富的微生物学知识和实践经验，才能有效地指导学生进行实践活动。学校需要提供充足的实验室设备和资源支持，以满足学生的实践需求。另外，微生物教学还需要与传统教学模式相结合，使其更好地融入教学中。未来，高校应该进一步加强对微生物教学与实践相结合的教学模式的研究和推广。教育部门可以加大对教师的培训和支持力度，提高他们的教学能力和实践水平。学校可以加强与科研机构和企事业单位的合作，为学生提供更多的实践机会和实习机会。同时，学校还可以建立微生物实验室和科技活动中心，为学生提供更好的学习环境和资源支持。

　　微生物教学与实践相结合的教学改革及实践是当代教育领域的一个重要议题。教师应该积极探索和研究这一教学模式，为学生提供更好的学习体验和实践机会，培养他们的实践能力和创新精神。只有这样，能适应时代的需求，推动教育事业的发展和进步。

第六节　酵母菌与酿酒工业发展关系材料整理及分析

一、酵母菌的发展历史及现状

　　几千年来，酵母在人类历史长河中扮演着重要的角色。早在公元前3000 多年前，人类就开始利用酵母来制作发酵产品，只是当时人们还没有认识酵母，其中酿酒酵母起源于中国。直到 17 世纪，列文虎克通过显微镜发现了酵母，开启了人类科学利用酵母的历史。但酵母在工业上的应用，从最初的啤酒酵母泥开始在市场上销售算起，酵母工业的发展历史仅 200 多年。

酵母不仅用于发面、酿酒，还应用于食品调味、营养、新能源、生物发酵、基因工程等领域，目前，酵母已成为生物化学、遗传学和细胞生物学的重要研究模型生物，许多科学家也因此获得诺贝尔奖，比如布赫纳、亚瑟·哈登、兰迪·谢克曼等。

（一）中华面食

现代酵母工业推动了中华面食的科技进步，酵母、馒头改良剂、无铝油条膨松剂、甜酒曲、米发糕预拌粉及面食相关配料技术的发展，赋予传统中华面食新的生命力，实现了中华发酵面食商品化、产业化、现代化、国际化。主要产品包括：面用酵母、馒头改良剂、甜曲酒、预拌粉（窝窝头、米发糕、芝麻球、油条等）、无铝泡打粉、膨松剂（油条、芝麻球、麻花等）、馅料等。

（二）烘焙

随着社会发展和人民生活水平的提升，在现代酵母工业推动下，烘焙业得到了快速发展。主要产品包括：面包酵母、面包改良剂、蛋糕/面包预拌粉、膨松剂、烘焙糖、脱模油、乳制品、黄油、蔓越莓等。

（三）动物营养

酵母在畜牧领域也有广泛应用，尤其是近年来，随着畜牧业无抗、环保、绿色等进程的快速推进，酵母应用的深度、广度得到了进一步提升，主要产品包括：饲用高活性酵母、酵母水解物、酵母硒、酵母细胞壁、毒菌毒素吸附剂等，服务于畜禽、水产、反刍、宠物、特种养殖等多个应用领域。

（四）植物营养与保护

通过开发和推广有机肥料、生物有机肥料、水溶性肥料、有机－无机复混肥料等酵母源新型肥料，应用于高品质农产品和有机农作物种植、土壤修复等领域，主要产品包括：酵母源生物有机肥、有机肥、水溶肥、水产肥等。

（五）酿造与生物能源

立足中国传统酿造，聚焦饮料酒、食用酒精及燃料乙醇发酵行业，提高产率、优化风味、提升品质、节能降耗，主要产品包括：酿酒酵母、酒曲、功能菌、葡萄酒酵母、啤酒酵母、酱油酵母等。

（六）生物技术

一是特种酶制剂。服务于食品、谷物加工、农牧、医药及生物催化等行业，主要产品包括：核酸酶、脱氨酶、脱卤酶、胴基还原酶等。

二是微生物营养。针对微生物发酵与细胞培养领域，以酵母浸出物为主导，推动生物产业新产品、新技术应用，助推生物发酵产业升级和绿色健康发展。主要产品包括：酵母浸出物、酵母蛋白胨、动植物蛋白胨、酵母粉、复合营养盐等。

（七）食品调味

应用现代生物技术，酵母抽提物能为日常食品提供天然健康的风味，有助于食品行业减盐促健康行动与"清洁标签"的推广。主要产品包括：增强鲜味、浓厚味、特征风味、基础鲜味、功能性、抗吸潮等。

整体来看，酵母工业的发展可以分为 3 个阶段。

一是利用啤酒和酒精副产物阶段，处于 18 世纪末至 19 世纪末。1781 年，荷兰人从发酵的啤酒泡沫中经离心分离出来酵母，压榨成块，这是最早的商品面包酵母。1846 年，第一个酒精酵母工厂在维也纳建立。

二是酵母生产工艺正式形成阶段，处于 19 世纪末至 20 世纪 20 年代。这个阶段实现了将酵母工业与酒精和啤酒工业分离，并采取连续补料方式生产，大大提高酵母对糖的利用率。

三是活性干酵母发展阶段，从 20 世纪 20 年代至今，这个阶段干燥技术不断完善，产品质量不断提高，酵母产品多样化。

　　我国酵母生产始于 1922 年，国内活性干酵母的研究和生产始于 20 世纪 70 年代，上海酵母厂在 1974 年率先试制出面包活性干酵母。整体来看，我国不但是酵母生产大国，也是酵母生产强国。人类的智慧正在让酵母的价值在美食、酿造、营养，甚至生物技术、能源、基因等各个领域发挥得淋漓尽致。同时，回看国内不同领域的市场，单一国内企业市场份额超过 55％，恐怕也只有酵母行业了。

二、酵母菌在酿酒工业中的功能及应用

　　酵母菌和酿酒工业有着密切的关系，酵母菌是酿酒过程中不可或缺的微生物。酵母菌是酿酒过程中的发酵剂，在酿酒过程中，酵母菌通过分解糖分产生酒精和二氧化碳，完成酒的发酵过程。酿酒过程中所使用的酵母菌主要是酒精酵母菌，它能够耐受较高的酒精浓度，具有较强的发酵能力。酵母菌对酒的品质和口感有着重要的影响，不同的酵母菌株具有不同的特点，如产生的酒精含量、产生的风味物质等，这些都会影响到酒的口感和品质。因此，在酿酒工业中，选择适合的酵母菌株对于酒的质量控制至关重要。酵母菌还可以对酿酒过程中的一些不良物质进行降解和转化。例如，酵母菌可以降解一些有害物质，如硫化物和甲醛等，从而提高酒的质量。酵母菌还可以转化一些有害物质，如硫酸盐和苹果酸等，使其变得更加适合人体消化吸收。酵母菌与酿酒工业的发展关系密切，随着酿酒工业的不断发展和进步，对于酵母菌的研究和应用也在不断深入。目前，酿酒工业已经出现了多种改良的酵母菌株，如工业酵母菌、自然酵母菌等，它们能够提高酿酒的效率和品质，满足市场需求。总之，酵母菌是酿酒工业发展中不可或缺的一部分，它在酿酒过程中发挥着重要的作用。酿酒工业的发展离不开对酵母菌的研究和应用，通过选择合适的酵母菌株，控制酿酒过程，可以生产出高质量的酒。随着科技的进步和人们对酒品质要求的提高，对于酵母菌的研究和

应用将会进一步深入，为酿酒工业的发展提供更多的可能性。

　　酵母菌是白酒酿造中的主要功能菌之一，主要作用是产醇与产酯，影响白酒的出酒率及香味成分。根据在发酵过程中的作用可分为主产乙醇的酿酒酵母和对风味有重要贡献的产酯酵母，两者共同促进乙醇及香气物质的生成。

三、酵母菌的三种类型发酵

（一）酵母菌的第一型发酵

　　酵母菌只有在 pH3.5～4.5 厌氧条件下才能进行正常的酒精发酵，称之为酵母菌的第一型发酵。

（二）酵母菌的第二型发酵

　　酵母菌在亚适量的 $NaHSO_3$ 作用下可进行酵母菌的第二型发酵生成甘油和少量乙醇。当环境中存在亚硫酸氢钠时，它先与乙醛反应生成难溶的磺化羟基乙醛，迫使磷酸二羟丙酮代替乙醛作为受氢体，生成 α-磷酸甘油，最后生成甘油的过程，其最终产物是甘油。

（三）酵母菌的三型发酵

　　如果将发酵过程的 pH 值控制在微碱性（pH7.6 左右）和厌氧条件下，酵母的乙醇发酵转变为甘油发酵，得到的产物主要是甘油、少量的乙醇、乙酸和 CO_2，这就是酵母菌的第三型发酵。

　　通过酵母菌的三种类型发酵的分析，可以看出工艺条件对发酵工业的重要性，工艺条件不同，发酵的产品性质和数量不同，其他类型的发酵也是如此。

　　学生通过实践教学方式的融入，让学生从多个角度感知真核微生物的世界及微观结构，结合酵母菌发展历史及功能的介绍，拉近学生对于真核微生物的认知。结合学科竞赛，引入微生物培养皿大赛作品的准备，利用酵母菌及霉菌绘制微生物画作，极大地激发了学生的参与热情。同时，利用显微镜观察自己培养的霉菌形态，让学生有了极大的信心。实践环节中对学校啤酒工坊及校外实践基地的参观激发了学生的学习热情。参观省重点实验室，省工程中心等活动，更是拉近了学生研究微生物、解决生产实践中的难题的举例。让学生对生物工程专业的职业性质有了更深入的了解。采用多元化的展示教学模式，加深了学生的理论知识的学习，通过实践关节更是直观化地加深各种理论知识点的理解。使学生对微生物学产生了浓厚的兴趣。

第六章　微生物学的展望

第一节　微生物在解决人类面临危机中的作用

人类社会的发展，在经历了采猎经济、农牧经济和工贸经济阶段后，正沿着信息经济并向着生物经济的大方向稳步迈进。

当前，人类社会正面临着粮食危机，能源短缺、资源耗竭、生态恶化和人口剧增等五大危机。在人类进入 21 世纪时，必须面对的全球性战略抉择就是如何解决原有的从依赖有限的矿物能源和资源时代稳步过渡到利用可再生的生物质能源和资源的新时代，由此要求人们去克服一系列前所未遇的新问题。由于微生物细胞不仅是一个高比面值、强生化转化能力、高产低耗和能自我复制、高速生长繁殖的精巧生命系统，而且还具有物种。代谢、遗传和生态类型多样性等一系列独特优势，使得它在解决人类面临的各种危机和发展生物经济中恰逢其时，可发挥其他方法所无法替代的独特作用。

一、微生物与粮食增产

"民以食为天"，粮食生产是全人类生存中的头等大事。微生物在提高土壤肥力、改进作物特性、促进粮食增产、防治粮命作物病虫害、防止粮食霉腐，在粮食深度加工、转化、增值，以及把作物秸秆转化为饲料、饵料、蔬菜用菌）等方面，都是可以大有作为的。

二、微生物与生物质能源开发

能源是人类社会维持正常生存和发展的最重要保证。近两百多年以来，随着英国的产业革命把人类带进工贸社会至今，人类开发和消耗了大量的煤炭、石油和天然气这类化石能源，地球上积累了数亿年至数十亿年才形成的矿物能源不久即将告罄。有资料显示，目前全球已探明可供开采的化石能源还剩 7528 亿 t（油当量），其中石油为 1686 亿 t，天然气 177 万亿 m^3，原煤 8524 亿 t；目前化石能源的稳态保障年限分别为石油 45 年，天然气 60 年，煤炭 150 年。从能源战略角度看来，人类的终极能源必然是核能（裂变能，尤其是聚变能），可是，它离现实应用还很遥远，于是，在化石能源时代与核能时代间必然要经历一段相当长的过渡阶段，这就是充分利用一切可再生能源，包括水能、太阳能、风能、生物质能、地热能、潮汐能的"高科技自然能阶段"。例如，我国学者近期提出了一个称作"液态阳光"的战略设想，打算利用自然界中取之不尽、用之不竭的太阳能、二氧化碳和水，合成稳定、高能量、可储存、易运送的绿色醇类燃料，以逐步取代日益短缺的化石能源。与微生物学工作者直接有关的就是其中的生物能或生物质能和生物质燃料。地球上存在着极其丰富的生物质资源，有人估计，全球每年经光合作用合成的生物质约有 2000 亿，相当于人类年耗能量的 10 倍，而目前仅利用了其中的 7% 左右。利用微生物的生物炼制技术，可将生物质（尤其是非粮生物质或秸秆纤维等草基生物质）原料转化成丰富的生物能，其中由微生物发酵产生的液态生物质燃料如乙醇和丁醇等将是最优良的石油替代品，而主要用禽畜粪便和植物秸秆生产的气态生物质燃料（沼气、氢气），则是天然气的绝佳替代品。此外，将黄单胞菌产生的黄原胶溶液或把耐高温、产气力强的厌氧菌连同培养料一起注入老油田，以提高石油采收率，或研制微生物电池等，都是微生物能源领域一些正在应用或研究开发的内容。

用微生物发酵法生产生物质能源有许多优点：①在产能的同时还兼有物质生产的可贵作用，因而可较好地取代石油原料；②可促进工农业间协调，改善农村的经济条件和生态环境；③生产过程是可循环的，有利于环境保护；④自然界中存在着极其丰富的生物质原料，广义的包括全球每年由光合作用合成的大量生物质，狭义的主要是大量的秸秆（我国年产约 7 亿 t）、工农业生产的有机残余物和人畜粪便；⑤生物质原料除可再生外，还可逐年增量，以利扩大再生产；等等。利用资源丰富的植物生物质的关键，在于寻找能产生水解力强、耐高温的纤维素酶和木质素酶的微生物。

三、微生物与资源开发

当前，全球化学工业对矿物资源尤其石油存在着高度的依赖性，长此以往将无法后继。据报道，目前以石油为原料的化工产品多达 3000 余种，全球化学工业总产值的 80％ 由石油化工提供。这种状况必须尽快改变。微生物发酵工程由于其固有的特性，最适合承担人类社会从石油经济转向生物经济的战略转型的任务。这种建立在 "可增量的循环型资源" 即生物质原料基础上的新型绿色生物化工，除原料来源广之外，还具有产物种类多、能源消耗低、反应条件温和、环境污染少和经济效益高等优势，是把 "黄色化工" 改造成 "绿色化工" 必然趋势中的主力军。今后，除了要进一步发展传统的生物基化工产品如乙醇、丙酮、丁醇、乙酸、甘油、异丙醇、甲乙酮、柠檬酸、乳酸、苹果酸、反丁烯二酸和甲叉丁二酸等产品外，还要发展新型的生物基化工产品，如水杨酸、乌头酸、丙烯酸、己二酸、丙烯酸胺、癸二酸、长链二元酸、长链二元醇、Y-亚麻酸油、聚乳酸（PL. A）和聚羟丁酸（PHB）等。用微生物沥滤工艺对铜等金属矿藏的深度开发以及金、铀的提炼极其适用，今后必将获得深入研究并继续在生产实践中发挥其独特的作用。

四、微生物与环境保护

环境保护和对已污染环境的生物修复是 21 世纪全球性的一项重要任务，微生物可在其中发挥不可取代的重大作用。①利用微生物肥料、杀虫剂或农用抗生素来取代严重污染环境或不可降解的化学肥料或农药；②利用微生物生产 PHB、PHA、PLA（聚乳酸或 "玉米塑料"）

以制造易降解的医用塑料、快餐盒等制品，从而减少"白色污染"；③利用微生物具有的强烈降解、氧化、生物转化等生化活性来净化生活污水、生活有机垃圾、有毒工业废水或海洋石油污染；④利用工程菌如酿酒酵母生产磷酸三酯酶以用于消除有机磷农药的污染；⑤利用敏感微生物作指示菌，以检测环境的污染度。

五、微生物与人类健康

微生物与人口的数量和体质有着密切的关系。由病原体引起的各种传染病始终是人类挥之不去的天敌。近 30 年来，新出现的传染病约 40种，其中一半左右为病毒病，因而有人认为"传染病在古代是坟场，在近代是战场，在当代是考场"。人类对和动，植物传染病的防治研究，始终是推动微生物学发展的主要动力。微生物与人类健康的关系是多方面的，具体如下：①利用微生物或其细胞组分可制成菌苗、疫苗或类毒素等生物制品；②由微生物的代谢产物可生产抗生素、维生素、医用酶制剂和氨基酸输液等大量生化药物；③由遗传工程菌生产胰岛素、白细胞介素、干扰素、链激酶和人生长激素等新型高效的多肽类药物；④由微生物的生物转化活性生产调节人类生殖机能等的甾体激素类药物；⑤用药用真菌和其他真菌可生产生物碱和真菌类药物；⑥用益生菌生产具有肠道等微生态系统调节功能和保健功能的益生菌剂；⑦用各种微生物、微生物产物或微生物学、免疫学方法诊断多种疾病；等等。

第二节　大力开展我国微生物学研究的作用

由于历史、文化和经济滞后等原因，目前我国微生物学的总体状况离国际先进水平还存在明显的差距。作为中华儿女，人人都有责任和义务为使我国科技水平在不太长的历史时期内赶上或超过国际水平而不懈奋斗。每位微生物学工作者在其自己业务领域中自然责无旁贷。

当前，广大科技工作者的工作条件已得到了明显的改善，正需要我们发挥高昂的科学精神，虚心学习国际先进经验，充分发扬自主创新能力，善于结合具体国情，在有限条件下"有所为和有所不为"，集中主要人力和物力，优先攻占一些既具有我国特色和一定基础，又具有明显的学术效益、经济效益、社会效益甚至还包括生态效益在内的课题作为突破口，努力做到突破一点，带动一片，再逐步辐射，扩大战果和影响。在有条件的领域，还必须有摆脱常规、采用"跨越创新"的战略思想，尽快走到国际同行的前列中去。只要能持之以恒、长期坚持，就会积小胜为大胜，从量变发展到质变，希冀以尽快地速度彻底改变历史留给我们的落后包袱。

　　具体的领域和主攻方向很广，可选择的重点各不相同，一般可考虑以下几个方面：①具有我国特色的菌种资源的调查开发，以带动微生物分类学、基因组学和进化理论的研究；②具有重要意义和应用前景的微生物的遗传学、基因组学、分子育种技术和真核微生物，如酵母菌的合成生物学理论和方法学的研究，尤其应着重能源微生物的研究；③重要工业菌种例如生产生物质燃料和生物基化工产品的菌种的代谢生理和发酵工程的研究；④微生物代谢产物的多样性及其开发，利用的研究，其中尤其应关注能形成新型生物产业的微生物代谢产物的种类，包括生产生物质能源、生物质材料以及生物基化学品和生物质药物的重要菌种；⑤不同生态条件下微生物间和微生物与宿主间相互关系及其实际应用的研究。近期由中国科学院微生物研究所牵头的"微生物组计划"，从5个重点来建设我国微生物组的数据库和资源库，就是一个很好的开端；⑥严重危害人类或动植物的新发、再现传染病的病原体（尤其是病毒）的致病机制和基因组的研究，以及有关疾病的流行规律及其快速有效的诊断、防治方法的研究；⑦重要微生物学研究方法、技术和实验仪器的研究；⑧重要微生物学专著、教科书、刊物、科普著作的出版、翻译和国际交流；等等。

　　微生物是自然界中一支数量无比庞大、种类极其多样、作用十分神奇的改造世界的"队伍"。可是，它们作用的大小，对人类是有利抑或有害，以及其利害的程度，主要还是取决于人们对其生命活动规律的认识和掌握的水平。科学是人类认知客观世界不竭的长河，技术是人类对自己生存和发展方式的不倦创造，亦即科学是认识世界的有效手段，而技术是改造世界的有力武器，因此，两者构成了人类社会最重要的生产力。科技兴则民族兴，科技强则国家强。其中，基础研究尤为重要，因为它是社会发展的原动力。无数历史事实生动、有力地证明，自从人类认识微生物并掌握其生命活动规律后，就可能使原来对人类有利的微生物变得更有利，无利者变得有利，小利者变为大利，有害者变为小害、无害甚至有利，进而推动人类社会的进步。因此，学好微生物学，熟悉微生物生命活动的规律，掌握微生物学实验方法和技术，并进一步运用这些知识和技能去兴利除害、造福人类和推动社会的进步，这就是学习微生物学的根本目的。

参 考 文 献

[1]卢芳国,陈伶利.微生物与人类健康[M].北京:中国医药科技出版
社,2022.

[2]戚中田.医学微生物学:第4版[M].北京:科学出版社,2022.

[3]李朝品,陈廷.微生物学与免疫学[M].北京:科学出版社,2022.

[4]张成林.工业微生物分子生物学实验原理与技术[M].北京:中国轻工
业出版社,2022.

[5]吴松泉,廖力.医学微生物学与寄生虫学[M].北京:人民卫生出版
社,2022.

[6]任南琪.污染控制微生物学:第4版[M].哈尔滨:哈尔滨工业大学出
版社,2022.

[7]米娜.医学微生物学与免疫学学习指导[M].北京:人民卫生出版
社,2021.

[8]刘艳超,王荣敏.卫生微生物学概论与实验指导[M].北京:北京大学
医学出版社,2021.

[9]徐志凯,郭晓奎.医学微生物学:第2版[M].北京:人民卫生出版
社,2021.

[10]吴影,古绍彬.微生物声暴露下生物学效应研究——以大肠杆菌为例
[M].北京:化学工业出版社,2021.

[11]郝林,孔庆学,方祥.食品微生物学实验技术:第4版[M].北京:中国
农业大学出版社,2021.

[12]袁红莉,杨金水.农业微生物学及实验教程:第3版[M].北京:中国
农业大学出版社,2021.

[13]路福平,李玉.微生物学实验技术:第2版[M].北京:中国轻工业出

版社,2020.

[14]李大鹏.环境微生物学[M].北京:中国石化出版社,2020.

[15]周德庆.微生物学教程:第4版[M].北京:高等教育出版社,2020.

[16]陈臣,俞苓,李晓虹.化妆品微生物学[M].北京:化学工业出版社,2020.

[17]周长林.微生物学实验与指导[M].北京:中国医药科技出版社,2020.

[18]张勇慧.微生物天然药物化学研究[M].武汉:华中科技大学出版社,2019.

[19]乐毅全,王士芬.环境微生物学:第4版[M].北京:化学工业出版社,2019.

[20]谭华荣.微生物遗传与分子生物学[M].北京:科学出版社,2019.

[21]张凤民.医学微生物学:第4版[M].北京:北京大学医学出版社,2019.

[22]桑亚新,李秀婷.食品微生物学[M].北京:中国轻工业出版社,2018.

[23]陈声明,张立钦.微生物学研究技术[M].北京:科学出版社,2018.

[24]李凡,徐志凯.医学微生物学:第9版[M].北京:人民卫生出版社,2018.

[25]曲掌义,邱景富,王金桃.卫生微生物学:第6版[M].北京:人民卫生出版社,2017.

[26]徐绍华.植物病原微生物的电镜学研究及管件技术[M].北京:化学工业出版社,2017.

[27]徐霖.医学微生物学实验指导[M].广州:中山大学出版社,2017.

[28]刘长庭,常德.空间微生物学基础与应用研究[M].北京:北京大学医学出版社,2016.

[29]刘运德,楼永良.临床微生物学检验技术[M].北京:人民卫生出版社,2015.

[30]胡相云.微生物学基础[M].北京:化学工业出版社,2015.